学术引领系列

地球科学学科前沿丛书

国家科学思想库

矿产资源形成之谜
与需求挑战

翟明国 等 著

科学出版社
北 京

图书在版编目(CIP)数据

矿产资源形成之谜与需求挑战/翟明国等著 . —北京：科学出版社，2016.3
ISBN 978-7-03-047715-6

Ⅰ . ①矿⋯　Ⅱ . ①翟⋯　Ⅲ . ①矿产资源-研究-中国　Ⅳ . ①TD98

中国版本图书馆 CIP 数据核字（2016）第 053227 号

责任编辑：牛　玲　张翠霞 / 责任校对：赵桂芬
责任印制：张　倩 / 封面设计：无极书装
编辑部电话：010-64035853
E-mail：houjunlin@mail.sciencep.com

科　学　出　版　社　出版
北京东黄城根北街 16 号
邮政编码：100717
http://www.sciencep.com
中国科学院印刷厂 印刷

科学出版社发行　各地新华书店经销
*
2016 年 4 月第 一 版　开本：720×1000　1/16
2016 年 4 月第一次印刷　印张：11
字数：135 000
定价：78. 00 元
（如有印装质量问题，我社负责调换）

丛　书　序

随着人类经济社会以及地球科学自身的快速发展，社会发展对地球科学的需求越来越强烈，地球科学研究的组织化、规模化、系统化、数据化程度不断提高，地球科学的研究越来越依赖于技术手段和研究平台的进步，地球科学的发展日益与经济社会的强烈需求紧密结合。深入开展地球科学的学科发展战略研究与规划，引导地球科学在认识地球的起源和演化以及支撑社会经济发展中发挥更大的作用，已成为国际地学界推动地球科学发展的重要途径。

地球科学在我国经济社会发展中发挥着日益重要的作用，妥善应对我国经济社会快速发展中面临的能源问题、气候变化问题、环境问题、生态问题、灾害问题、城镇化问题等的一系列挑战，无一不需要地球科学的发展来加以解决。大力促进地球科学的创新发展，充分发挥地球科学在解决我国经济社会发展中面临的一系列挑战，是我国地球科学界责无旁贷的义务。而要实现我国从地球科学研究大国向地球科学强国的转变，必须深入研究地球科学的学科发展战略，加强地球科学的发展规划，明确地球科学发展的重点突破与跨越方向，推动实现地球科学发展的一些领域率先进入国际一流水平，才能更好地解决我国经济社会发展中的相关问题和维护国家的发展权益。为此，中国科学院学部自 2010 年开始，在以往开展的学科发展战略研究的基础上，在一些领域和方向上重点部署了若干学科发展战略研究项目，持续深入地开展相关学科发展战略研究。根据总体要求，中国科学院地学部常委会已研究部署了十余项战略研究项目，内容涉及大气、海洋、地震、环境、土壤、矿产、油气、空间等多个领域。这些战略研究深刻分析了相关学科的发展态势和发展现状，提出了相应学科领域未来发展的若干重大科学问题，规划了相应学科未来十年的优先发展领域和发展布局，取得了较好的研究成果。

为系统梳理学科战略研究成果，推动地球科学的研究和发展，中国科学院地学部常委会决定，自 2014 年起，在常委会自主部署的学科发展战略项目中，每年选择 1~2 个关注地球科学学科前沿的战略研究成果，以"地球科学学科前沿丛书"形式公开出版。这些公开出版的学科战略研究报告，重点聚焦于一些蓬勃发展的前沿领域，从 21 世纪国际地球科学发展的大背景和大趋势出发，从我国地球科学发展的国家战略需求着眼，深刻洞察国际上本学科发展的特点与前沿趋势，特别关注相应学科领域和其他学科领域的交叉融合，规划提出学科发展的前沿方向和我国相应学科跨越发展的布局建议，有力推动未来我国相应学科的深入发展。

期望通过地球科学家们的不断努力，对我国地球科学未来 10~20 年的创新发展发挥引领和促进作用，推动我国地球科学相关领域跻身于国际前列。同时期望本系列战略报告的出版，对广大科技工作者触摸和了解科学前沿、认识和把握学科规律、传承和发展科学文化、促进和激发学科创新有所裨益，共同促进我国的科学发展和科技创新。

中国科学院地学部主任　陈　颙

2014 年 6 月

前　言

矿产资源是大自然对人类的馈赠。

翻开人类发展史，人类进入文明社会的一个重要标志是学会使用、制造工具。第一个工具时代是石器时代，然后是青铜器时代、铁器时代，直到现在的信息时代，人类的发展无不建筑在利用矿产资源的基础上。从某种意义上讲，人类社会发展的历史就是矿产资源开发利用的历史。在当今，矿产资源仍然是并且必将继续是经济和社会可持续发展的重要物质基础，是综合国力的重要组成部分。

然而什么是矿产资源？它为什么能赋存在地球上？它是如何形成和分布的？它是采之不竭用之不尽的吗？资源与环境的关系是怎样的？为什么国际争夺总是围绕着资源和能源展开？中国进入经济发展新时期的资源战略是什么？还有很多类似的问题，其中许多问题已经超出了自然科学和科学技术的范畴，说明矿产资源对于人类来说的确太重要了。

这本书是中国科学院学部和国家自然科学基金委员会共同资助的"大陆成矿学发展战略研究"的研究成果。它力求通俗易懂，又站在学科前沿，引领学术方向，以期引起社会公众对矿产资源的兴趣、对矿产资源发展的关注，以及对国家矿产资源战略的理解与监督。并希望影响科学管理部门和教育部门对学科发展的指导与立项，力争为国家有关部门对资源政策的制定与规划提供科学依据。

矿产资源是指经过地质成矿作用，使埋藏于地下或出露于地表并具有开发利用价值的矿物或有用元素的含量达到具有工业利用价值的集合体。矿产资源在我们的生活中无处不在，人类用品的90％都与矿产资源密切相关。比如，当人们欣赏并使用给他们生活带来极大便利的手机时，有谁会想到它竟然是一个"纯粹"的矿产资源"制品"！

矿产资源是一种与生俱来的自然宝藏，它具有地质属性、经济属性和环境属性。矿产资源的地质属性主要涵盖三层意义：①它们是在地球漫长、复杂的形成、演化历史进程中形成的，非人力所能够创造；②它依照地质规律分布，而不是均匀地分布，和国界无关；③以人类进化的历程为时间尺度，这种资源是不可再生的。这就引出来"人类对矿产资源需求的基本规律""矿产资源开发与环境保护""矿产资源的全球配置"三个大问题，它们涵盖了我国经济可持续发展与资源的安全保障、经济发展与环境保护、全球协调发展与世界和平等关系到国计民生的大事。

作为资源勘探开发的基础，首先要研究矿产资源是如何形成的。矿床学，又称矿床地质学，在国外称经济地质学（economic geology），是研究矿产资源在地壳中的形成条件和分布规律的科学。它是矿产勘查和开发的地质理论基础，又是地球科学的重要分支。矿床学是一门既古老而又新颖的学科，它随着社会生产特别是矿业生产的发展而产生，同时又随着近代科学理论与技术的发展尤其是矿业生产技术的进步而充实、更新，形成了一门技术经济与地质学相结合的综合性学科。目前在大科学、大数据、大技术平台的科学迅猛发展的时期，矿床学面临着学科发展的极大挑战和机遇。矿床是成矿物质异常富集的产物，矿床的形成离不开成矿物质来源、成矿流体的搬运、特殊的成矿过程，以及特定的时间节点。这些方面的科学问题构成了当前矿床学理论研究的前沿，同时也为未来矿床学研究指明了方向。本书把矿床学的前沿科学问题形象地描述为"四谜"，即成矿物质之谜、成矿流体之谜、成矿过程之谜和成矿时控之谜。

成矿物质的来源和聚集过程是揭示成矿规律的切入点，是矿床学研究的核心问题之一。成矿物质主要有三个来源，即地壳、地幔，以及少量的"天外来客"——陨石撞击。但是矿床学发展到今天，一些重要矿床的成矿物质来源仍然不清楚，在很大程度上制约了矿床学的发展。本书简要地回答：究竟是什么地质过程导致了成矿元素如此不均匀地巨量富集？成矿物质来自何处？是地球上原始不均匀性还是地质演化过程造成了成矿物质的富集，还是兼而有之？成矿物质是如何运移、富集并最终聚集成矿的？究竟是哪些地质过程、物理化学条件控制着特定成矿物质的运移、富集？

流体就像地球的血液，广泛发育在地球的各种环境中。而在地质过程中产生的流体常被称为"地质流体"（geofluids），比如形成于海底喷流系统的热液流体、火山喷发、侵位形成的岩浆流体等。地质流体的形成及其演化过程对于地球环境变化和元素分布有着重要影响。关于流体如何"携带"成矿元素，如何"搬运"它们，以及如何"卸载"让它们聚集成矿，仍然存在很多谜团，尤其是缺乏直接的实验证据。不同性质的热液流体如何对不同的金属元素进行选择性携带、选择性搬运和选择性卸载等仍然是当前成矿流体研究的前沿科学问题。

决定成矿元素的迁移-聚集与矿床的形成的因素是环境温度、压力、酸碱度、氧化还原条件等基本物理化学环境要素。我们将它们比喻为人的呼吸循环系统。引起这些基本物理化学要素变化的外部条件就是地质作用，包括沉积、火山喷发、岩浆侵入、区域变质和大型变形等。决定成矿作用的内因是元素的地球化学特征，外因是地质作用条件。在成矿过程中形成了复杂纷繁的各种地质现象，通过对这些地质现象的探究可以破解成矿过程之谜。

此外，我们的研究还发现，在地球45亿年的演化历史过程中，一些金属矿床类型及矿种只形成和分布于特定的地质时期，并在地球演化进程中不再重复出现，而且矿种从比较单一变得复杂多样。我们把这种在地球一定历史时期形成的一定种类矿床类型（或矿种）称为成矿的时控性。矿床的时控性像人的生命周期一样，反映了地球由出生到生长的历程，而且也一定会"死亡"，即它的内部能量消耗殆尽，成为像月亮一样的"死亡"星球。这种成矿作用鲜明的时代性是什么因素造成的呢？目前还没有一个完满的科学解释，仍然是地质科学上的待解之谜。

强调"大陆成矿"作用，是因为迄今人们所探明、了解和研究的矿床，特别是开发的矿床，绝大多数都在陆地之上。地球形成约46亿年，地球上现存陆壳岩石的记录最早始于约44亿年。虽然始终存在着在地球上先有大洋和先有大陆的争议，但目前始终没有找到古老大洋的证据。地球上现存的大陆可以证明是在几十亿年前形成和演化到现在的，而现存的大洋只有2.5亿年左右的年龄。大陆矿床的研究无疑在时间和空间尺度，特别是人们的能力范围都是极为重要的。

中国地处环太平洋、中亚和特提斯三大成矿域的交汇地区，地质构造复杂，地质记录完整，矿产资源种类多，特色明显，是建立大陆特色成矿的理想地区。中国的特色成矿大致可以归纳为：①陆陆-弧陆碰撞型造山成矿（Au-Cu-Mo 矿床）；②远离造山带的大面积低温成矿；③峨眉山-塔里木地幔柱型成矿（Ti-V-Fe 矿床、Cu-Ni 矿床）；④元古代裂谷型成矿（REE-Nb-Fe 矿床、Pb-Zn-Cu 矿床、Mg-B 矿床）；⑤大花岗岩省成矿（多金属矿床）；⑥中生代克拉通破坏与金爆发型成矿；⑦高原隆升与表生成矿作用。可以预料，在矿产资源的研究中，中国大陆成矿的研究一定会对本学科的发展起到积极的推动作用。

人类生存于地球之上，依靠矿产资源建设文明发达的社会。探索地球的奥秘是人类最早的认知科学，是自然科学的起源，换句话说，没有比认知地球更重要、更基础、更迫切的科学学科。矿产资源的研究对大陆动力学和固体地球科学必然有重要的贡献。我在这里还想强调"大陆成矿作用"的认知科学内涵。把成矿作用加上"大陆"二字，不是简单的修饰，不是把研究的"成矿作用"限定为发生在大陆之上。"大陆成矿作用"是一个崭新的提法，它与"大陆动力学"（continental dynamics）密切关联。板块构造是 20 世纪人类最重要的自然科学理论贡献之一，并迅速成为地球科学的主流理论。它很好地解释了大洋，较合理地解释了洋陆过渡带，但是在解释大陆问题时遇到困难，有些人称之为"板块难以登陆"。大陆动力学是 1989 年在美国地质文献中出现的新名词，是在当代板块构造新的发展基础上提出的重要科学问题和研究领域。它从大陆尺度研究大陆形成演化和动力学机制等基本问题，其核心是把大陆作为一个独立的动力学系统来研究，它通过研究大陆形成过程和演化历史等各种基本问题，来阐明大陆与整个地球系统是如何相互作用的。

岩石是大陆演化的物质记录，它记录了大陆的起源、过程、变化和现状。大陆岩石的记录长达 45.5 亿年，几乎与 45.67 亿年的地球同岁，远远老于 2 亿～3 亿年的大洋岩石。矿床作为特殊的岩石，某些记录比普通岩石更"特殊"。用演化的成矿作用，加上演化的其他岩石，以及印记在岩石上的构造记录，使得对地球的研究进入"演化的地球"阶段，这无疑是破解板块登陆难题的新历程。大陆成矿学科的战略研究其意义远远超过了矿床学的范畴。大陆成矿作用的研究思路是在丰富的研究资料基础之上提出的，有待于更多的科技人员积极讨论，批评、指正、补充，甚至推倒重来，为中国在矿产资源领域科学前沿做出积极贡献而努力。

本书由国内矿床学科学术带头人和青年骨干共同完成，具体的编写分工是：第一章由王安建、代涛执笔；第二章由刘建明、代涛执笔；第三章由孙卫东、陈华勇、凌明星执笔；第四章由范宏瑞、陈华勇执笔；第五章由蒋少涌、梁华英、许德如执笔；第六章由杨晓勇、张连昌执笔；第七章由陈华勇、孙卫东、蒋少涌、秦克章执笔；第八章由陈衍景执笔；第九章由蒋少涌执笔；第十章由宋谢炎、赵太平执笔；第十一章由秦克章执笔；第十二章由胡瑞忠、毕献武执笔；第十三章由刘成林、李子颖执笔；第十四章由孙卫东、蒋少涌、秦克章、陈华勇执笔；第十五章由蒋少涌、孙卫东、秦克章、李建威执笔。全书最后由孙卫东、秦克章、蒋少涌和陈华勇统编定稿。

由于水平和时间有限，书中不足之处在所难免，恳请广大读者批评指正。

2015 年 12 月 10 日

目　　录

第一章
矿产资源：人类经济社会发展的物质基础

20 世纪以来，人类进入了大量消耗资源，快速积累财富，高速发展经济的时代。战争与和平、生存与发展，人类经历了历史上最惨烈的两次战争浩劫和恐怖的冷战岁月，但是战争的阴影并没有阻挡住前进的步伐，科技的进步和发展的需求使人类焕发出前所未有的创造力。到 2015 年，全球 GDP 增长了 30 多倍，人类所创造的财富超过了以往历史时期的总和。与此同时，地球资源消耗的速度和数量迅猛增长，石油的年消费量由 20 世纪初的 2043 万吨增加到 45 亿吨，增长了约 220 倍，钢、铜和铝的消费量分别由 1900 年的 2780 万吨、50 万吨和 6800 吨增加到 2014 年的 16.2 亿吨、2290 万吨和 5055 万吨，分别增长约 58 倍、45 倍和 7433 倍……世界经济高速发展和人口飞速增长，快速的工业化、城市化，庞大的人口数量和不断提高的生活水平极大地消耗着地球资源，巨大的人类活动能力不断改变着亿万年形成的自然环境面貌，数千年来人与自然相互协调的关系被打破。超越国家、地理与政治，集中体现为人口、资源、环境与经济发展的人地矛盾成为人类社会可持续发展的共同问题。

研究表明，工业化过程是人类大量消耗自然资源、快速积累社会财富、迅速提高人民生活水平的过程，是一个国家不可逾越的发展阶段。20 世纪，造成资源快速大量消耗的主导因素是以发达国家为主体的工业化过程和全球人口的迅速膨胀。2000 年前，不足世界人口 15％的发达国家一直消耗着世界 60％以上的能源和 50％以上的矿产资源。步入 21 世纪，随着超过世界人口 85％的发展中国家走向工业化，特别是中国的工业化，全球矿产资源消费速率和数量仍呈快速上升态势。显然，占世界人口 4/5 的正在进行着或即将陆续步入工业化发展阶段的发展中国家，持续更大量、更快速地消耗矿产资源将难以避免！事实上，人类目前使用的 90％以上的能源、80％以上的工业原材料和 70％以上的农业生产资料仍然来自矿产资源。矿产资源作为人类赖以生存和发展的物质基础的地位一直没有发生改变。那么，以发展中国家为主体的新一轮工业化浪潮将需要消耗多少矿产资源？如何解决更加庞大的矿产资源供应和日益紧迫的人口、资源、环境与经济快速增长的矛盾和问题？这些是人类共同面临的挑战，也是科学家们需要回答和解决的问题。

第一节　人类已经使用超过 200 种矿产资源

矿产资源泛指由地质作用形成于地壳中以气态、液态和固态形式存在，具有重要经济价值的自然资源。它包括石油、天然气、煤炭等能源矿产，铁、锰、铬等黑色金属矿产，铜、铅、锌、钴、镍等有色金属矿产，金、银、铂、钯等贵金属矿产，铀、镭、钍等放射性金属矿产，铊、铟、镧、铈等稀有稀散、稀土金属矿产，菱镁矿、滑石等冶金辅助矿产，钾盐、硫、磷等化工矿产，高岭石、膨润土、蒙脱石等非金属材料矿产，各种石料、石灰岩、石膏、石棉等建筑材料矿产，红宝石、蓝宝石、翡翠、玛瑙等宝玉石矿产，以及地下水（热）资源等，其种类之多，以至于专门从事矿产资源研究的经济地质学家也很难尽数其珍。目前，全球已经发现矿产资源 200 余种，这些矿产资源广泛用于工农业生产、高新技术和国防等领域，囊括能源、交通、电力、冶金、钢铁、机械、制造、航天、化工、建筑、运输、医药卫生、计算机、电子、通信、珠宝首饰、新材料等各行各业（图 1-1），贯穿于人类生活的自始至终并与国家安全密切相关。迄今，中国已经发现矿产资源 171 种，其中探明储量的有 157 种，是世界上矿产资源种类比较齐全的少数国家之一。

第二节　矿产资源与我们的生活

矿产资源在我们的生活中无处不在，人类用品的 90％都与矿产资源密切相关。以汽车为例，一辆普通轿车平均重量为 1200 千克，涉及包括化石能源、金属、非金属全部矿产资源大类的数十种矿产制造的 600 余种材料（图 1-2）。透过汽车可以联想到火车、飞机、轮船、地铁等全部现代交通工具无一不是矿产资源的集成物。

通信与计算机技术革命正在改变我们的生活，视频、聊天、上网、办公……似乎无所不能，微博、微信、脸书、QQ……让人眼花缭乱。信息化正在改变我们这个世界！然而又有多少人知道，制造手机消耗的物质——包

图 1-1 矿产资源的主要消费领域

图 1-2 汽车中的矿产资源

括金属、塑料、人造橡胶、陶瓷与玻璃，都来源于矿产资源及其制品（图1-3）。手机中使用的金属多达70多种，不仅有传统大宗金属矿产铁、铜、铝，还有镁、钛、锌、镍、镉、锂、稀土及黄金等。黄金具有优良的导电性和耐磨性能，被用于手机按键铜触点的镀膜材料，含镉、镍的镍镉电池、镍氢电池、锂电池等高性能电池确保了手机使用的长期性和稳定性。当欣赏并使用给人们生活带来极大便利的手机时，有谁会想到它竟然是一个"纯粹"的矿产资源"制品"！

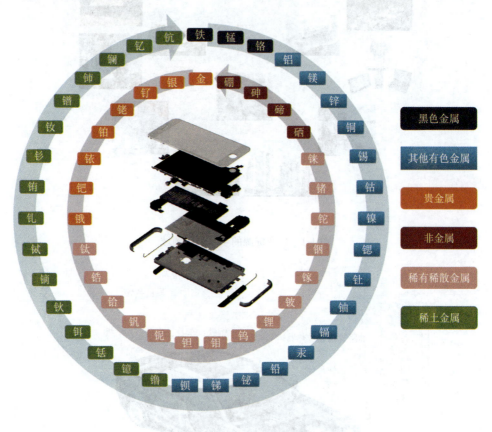

图 1-3　手机中的矿产资源

第三节　矿产资源的地质、经济和环境三重属性

矿产资源作为地球形成过程中地质作用的产物，除了自身的地质属性外，在人类经济和社会发展过程中还具有经济和环境属性。

一、矿产资源的地质属性

矿产资源是大自然赋予人类的一种馈赠品。它是由自然地质作用形成于地壳中具有资源意义地质体集合的总称。人们习惯称谓的油田、气田、煤田和矿床是矿产资源的实际载体，也是人类直接研究、找寻和开发利用的资源对象。矿产资源的地质属性主要涵盖三层意义：①它们是在地球 45 亿年漫长、复杂的形成、演化历史进程中，在不同时期由特殊地质作用形成的有用物质的聚集体，非人力所能够创造；②时间和空间分布符合地质规律，并非均匀分布或遍及全球；③以人类进化的历程为时间尺度，这种资源是不可再生的。也就是说，少则几百万年，多则几千万年或更长时间跨度才能形成的矿产资源相对人类目前开发利用矿产资源的时间周期，这些资源的再生补充是无意义的。因此，人类需要有节制地开发利用这些空间分布不均匀、数量有限而又不能够再生的矿产资源。

二、矿产资源的经济属性

矿产资源是一种与生俱来的自然宝藏。它的开发利用极大地促进了人类进步、经济发展和社会财富的积累，是人类文明的物质基础。矿产资源的基本内涵是在当前经济技术条件下可以被经济利用的资源体总和。作为具有重要经济价值的自然财富，其既有品质问题，又有开发利用成本问题。它的经济属性主要表现为提取技术和经济利用这两个核心要素与时俱进的可变性。首先，这意味着过去和现在不曾被认为是矿产资源的地质体，随着经济水平的提高和科学技术的进步将来可能成为矿产资源，矿产资源的种类、数量和用途因此会不断地增加和拓展；其次，现有部分矿产资源随着科学技术水平的快速提高，有可能被新的更廉价和"清洁"的资源所取代而失去经济意义；最后，在经济全球化背景下，衡量矿产资源经济价值的尺度不再是某一国家的度量衡，而是国际市场的价格体系。矿产资源经济属性的内涵告知人类没有必要为地球上矿产资源可能会枯竭而担忧和恐惧，也不能期待科技进步会在一夜之间大幅拓展矿产资源的种类、增加某种资源的数量而产生盲目的乐观。因为目前的科技进步还不能够弥补资源加速消费导致的现有储量保障周期的不断缩短。矿产资源经济属性要求人们把握全球矿产资源消费的速率和资源科技的动向，统揽全球资源和市场，科学配置所需资源，合理进行优势资源贸易。

三、矿产资源的环境属性

大自然对人类的馈赠不是无代价的。矿产资源开发在极大地促进人类文明和社会经济发展的同时，也给人类赖以生存的环境造成很大的破坏。一方面，矿产资源开发造成水土流失、水系污染、地质灾害频发、生态环境扰动……；另一方面，人类从大自然中索取资源的同时，又在高强度生产和消耗这些资源的过程中将废弃物排入大自然，造成一定的负面环境效应。此外，部分矿产资源作为某种元素高浓度聚积的产物，在地表、近地表或接近潜水面时就开始了自身的环境效应，并在不同程度上影响人类的生产与生活。矿产资源的裸露、开发、生产、加工和消费对人类赖以生存的地球环境构成了潜在的威胁。因此，了解矿产资源的环境属性，科学、有效地预防、减轻和治理矿产资源开发、生产和消费过程中的负面环境效应是人类共同的任务和责任。

矿产资源的地质、经济和环境属性客观上决定了各国在开发利用这种资源，促进本国社会进步和经济发展时国家意志的定位和全球资源理念与环境意识的形成。

第四节　矿产资源消费与社会财富积累

大量的矿产资源消费转化成了巨量的社会财富积累。尽管人类在向大自然索取矿产资源的同时，改变了固有的平衡系统，在一定程度上扰动了地球环境，但是在生存和发展中，人类获得了前所未有的实惠。据不完全统计，1900年以来，人类已经累计消费 1750 亿吨石油、3350 亿吨煤炭、770 亿吨水泥、500 亿吨粗钢、7 亿吨铜和 11 亿吨铝……。人类在地球上建设了 10 000 多座城市、近 20 亿套住宅，修建了长度超过 125 万千米的铁路和 1500 万千米的公路、数以万计的机场和港口，制造了大量的飞机、轮船、汽车、彩电、冰箱、空调、电脑和手机……。矿产资源消费惠及了全人类，使我们的居住更加舒适，出行更加便利，信息获取更加快捷，通信更加方便……（图 1-4）。人类生活质量和水平的大幅度提升得益于矿产资源的开发和利用。

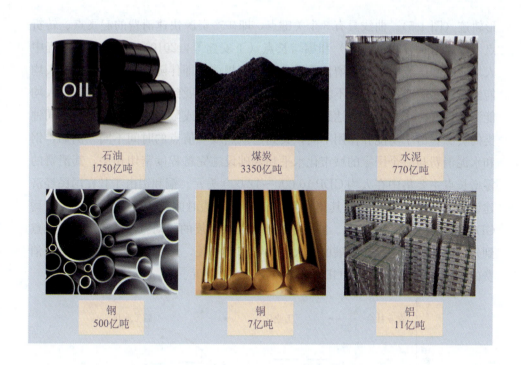

图 1-4 1900 年以来人类累计消费的主要能源与矿产资源量

资料来源：王安建和王高尚（2008）

第五节 矿产资源消费的基本规律

人类对矿产资源的需求会无限增长吗？曾几何时，有人一直担心地球上的矿产资源会枯竭，无法满足人类的需求。也有甚者，面对 13 亿中国人进入工业化过程矿产资源的大量消耗，妄言：如果中国人像美国人那样消费矿产资源，三个地球也不够中国人消费！由此再度炒热了中国资源威胁论。中国人无疑具有像美国人一样消耗地球资源的权利，然而却不会奢望像美国人那样如此"大度"地消费属于人类共有的自然资源。事实上，矿产资源的消费具有一定的极限。中国地质科学院全球矿产资源战略研究中心揭示的人均能源和矿产资源消费与人均国内生产总值（GDP）的 S 形规律（王安建和王高尚，2002）科学地回答了这些问题。

随着经济的发展，即人均 GDP 的增加，人均能源和矿产资源消费会经历缓慢增长、快速增长、增速减缓、零增长或负增长的过程，并由此形成一条 S

形轨迹（图 1-5）。曲线具有 3 个关键点，即矿产资源快速消费的起飞点、转折点（快速增长、增长减缓）和零增长点（王安建等，2010）。经济发展过程中人均能源和矿产资源消费增长遵循 S 形演变规律，即伴随着经济的增长，人均能源与重要矿产资源消费不会无限增长，当经济发展到一个较高水平时，人均能源和重要矿产资源消费达到顶点，之后不再增长或呈缓慢下降态势。不同种类的资源，由于功能和作用不同，其到达顶点或峰值点的时间不同。例如，钢和水泥消费与一个国家的城市化水平和基础设施完备程度密切相关，其消费的零增长点主要集中在人均 GDP 10 000～12 000 美元。铜和铝由于其在国民经济建设中的作用更加广泛，其消费零增长点到来的时间稍晚，主要集中在人均GDP 18 000～20 000 美元。能源作为经济社会发展的驱动力，其消费零增长点到来的时间与经济社会发展的重大转型期密切相关，大多发达国家一次能源消费的零增长点集中在人均 GDP 20 000～22 000 美元。

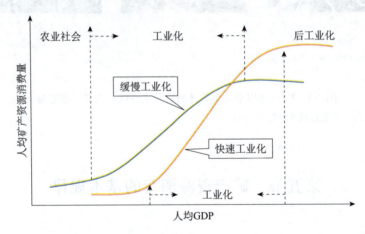

图 1-5　人均矿产资源消费与人均 GDP 的 S 形模式

　　人均能源和重要矿产资源消费与人均 GDP 的 S 形规律揭示了从农业社会到工业社会再到后工业社会能源与矿产资源消费的演变趋势（Wang et al.，2014）。

　　（1）在农业社会，人类创造的 GDP 很少，能源消费主要用于维持基本生活需要，少量矿产资源用于制造简单的劳动工具，因此能源和矿产资源消费处于低水平且与人均 GDP 增长的关系并不确定。

　　（2）进入工业化社会，经济增长由农业转向以制造业为主的工业，伴随着人均 GDP 的快速增长，社会财富积累、基础设施建设和城市化水平迅速提高，人均能源和矿产资源消费呈现出快速增长态势。当人均 GDP 和社会财富积累、基础设施建设及城市化率达到一定水平（饱和点）时，工业化经济发展进入成熟期，产业结构发生转变，工业增加值比例开始下降，人均钢、水泥、铜和铝等大宗矿产资源消费开始进入零增长或负增长时期，与此同时人均能源消费增速趋缓。

（3）伴随着社会财富巨量积累和人们生活水准达到较高水平，以高新技术为特色的低能耗第三产业替代高能耗、高物耗的工业成为 GDP 的主要贡献者，经济发展进入后工业化阶段，能源消费将会保持在一个较稳定的水平，之后呈缓慢下降态势。

人均能源和矿产资源消费与人均 GDP 的 S 形规律表明，经济发展过程中，能源和重要矿产资源消费具有极限值，随着经济的发展，能源和重要矿产资源消费不会无限增长。在人口数量可控的情况下，人类最终消费的能源与矿产资源将是有限的。

第六节　矿产资源需求预测

人类还需要多少矿产资源？这是一个很难回答或者很难准确回答的问题。影响未来资源需求的因素很多，如各个国家经济增长速度、发展方式、城市化进程、基础设施完善程度、社会财富积累水平等，都会在不同程度上影响资源需求预测的结果。此外，一些重要的全球性事件，如战争、经济危机、重大自然灾害等也会对未来资源需求产生难以预料的影响。

能源与重要矿产资源消费的 S 形规律告诉我们：大多数发达国家，如美国、英国、德国、法国、日本等，能源与重要矿产资源消费已经步入平稳或下降阶段；许多发展中国家，如中国、印度、巴西等，正处于工业化快速发展阶段，能源与重要矿产资源需求将快速增长；还有相当一部分发展中国家处于前工业化发展阶段，能源与重要矿产资源需求增长会非常缓慢。

在世界和平与发展的大环境下，根据人均能源和矿产资源消费与人均 GDP 的 S 形规律，预计 2030 年，全球一次能源年需求量将达到 180 亿吨油当量，其中，煤炭年需求量将达到 92 亿吨，石油 49 亿吨，天然气 5 万亿立方米。以 2011 年为起点，2030 年一次能源累计需求量将达到 4985 亿吨油当量，其中石油、煤炭和天然气累计需求量将分别达到 1402 亿吨、2643 亿吨和 138 万亿立方米。

中国能源需求总量预计 2030 年将达到 43 亿吨油当量，其中石油、煤炭和天然气年需求量分别达到 7.1 亿吨、39 亿吨和 6950 亿立方米。中国能源消费有望在 2030～2035 年实现零增长。

全球大宗矿产资源铁、铜和铝需求将持续增加。预计 2030 年，全球粗钢、铜和铝年需求量将分别达到 24 亿吨、3800 万吨和 8400 万吨。2011～2030 年，全球粗钢累计需求将达到 390 亿吨，铜 5.6 亿吨，铝 13.0 亿吨。

中国粗钢消费年顶点已在 2013～2015 年到达，峰值期年需求量为 7.0 亿～7.5 亿吨，并将维持 7～10 年的峰值平台期。铜和铝消费顶点将在 2022～2025 年到来，年需求量将分别达到 1300 万～1500 万吨和 2700 万～3000 万吨，之后缓慢下降（图 1-6）。

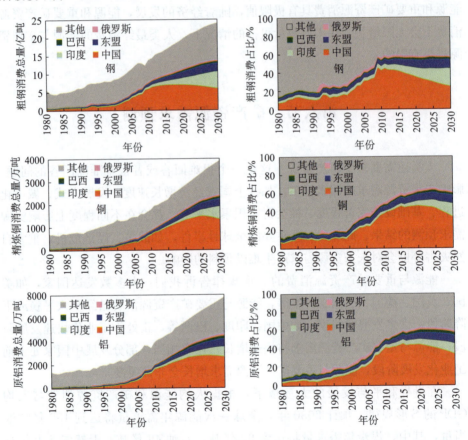

图 1-6 主要国家和地区钢、铜和铝消费/需求总量及占比

资料来源：中国地质科学院全球矿产资源战略研究中心，2012 年年报

2011~2030 年，印度粗钢消费将从 0.76 亿吨增长到 3.85 亿吨，铜从 41 万吨增长到 579 万吨，铝从 163 万吨增长到 891 万吨。东盟粗钢消费量将从 0.7 亿吨增长到 2.8 亿吨，铜从 79 万吨增长到 330 万吨，铝从 123 万吨增长到 650 万吨。东盟和印度将是未来全球资源需求的主要拉动者。

第七节 "为后代寻找资源"国际地质科学联合会计划

全球人口增长及发展中国家经济发展，将使矿产资源、能源和水资源的安全供应成为一个重大问题。发现新的高品质资源是解决这一问题的关键，为保证未来资源供应，必须现在采取相应行动。

"为后代寻找资源"（Resourcing Future Generations，RFG）是新一届国际地质科学联合会（The International Union of Geological Sciences，IUGS）执行委员会（Executive Committee，EC）提出的一项指导长期矿产勘探的国际合作倡议，也是国际地质科学联合会的战略调整，并按照国际地质科学联合会新战略规划与全球地球科学倡议计划（Global Geoscience Initiative，GGI）基本思想要求部署的重点工作。该倡议旨在借助国际地质科学联合会协调众多成员国，通过国际合作，加强国际地质学科研究能力建设，重视地球管理和教育培训，帮助勘查程度低的发展中国家评估未发现矿产资源潜力，满足激增的全球人口和新兴国家工业化对自然资源的长期需求，保障人类可持续发展（Lambert et al.，2013）。

"为后代寻找资源"计划的主题是：①供需形势分析：综合评估和定量评价 21 世纪全球矿产资源供需形势。②成矿系统认识：提升对上地壳及其成矿过程的理解，获取和提供更好的数据，推动新资源的发现。③资源潜力评价：在最可能发现矿产资源的地区开展资源潜力评价，为未来勘查工作奠定基础。④能力建设：帮助欠发达国家建设或提升地质工作和资源管理工作能力，提高其资源勘查和开发水平。

参 考 文 献

王安建，王高尚．2002. 矿产资源与国家经济发展．北京：地震出版社．

王安建，王高尚．2008. 能源与国家经济发展．北京：地质出版社．

王安建，王高尚，陈其慎，等．2010. 矿产资源需求理论与模型预测．地球学报，31（2）：137-147.

Lambert Ⅰ，Durrheim R，Godoy M，et al. 2013. Resourcing future generations：A proposed new IUGS initiative. Episodes，36（2）：82-86.

Wang A J，Wang G S，Chen Q S，et al. 2014. S-curve model of relationship between energy consumption and economic development. Natural Resources Research，24（1）：53-64

第二章
矿产资源全球配置

第一节　矿产资源的全球配置是人类社会发展的必然趋势

矿产资源的全球配置是当前经济全球化的重要内容之一，中国社会经济的可持续发展也离不开矿产资源的全球配置。人类社会的工业化过程是通过消耗矿产资源来实现的，实质是将地下的矿产资源转化为人类的社会财富、促进经济快速发展和社会财富迅速积累的过程。首先，自然资源是全球性的，并没有按照人口和地域平均分布；其次，各个国家的工业化进程是不一致的，它们对自然资源的消耗、需求有着巨大的差别。这就决定了矿产资源的全球化配置从来没有像今天这样在国际事务和经济发展中表现得如此重要，并且已成为我国矿产资源的基本国策。

一、矿产资源的自然属性及其全球分布的不均一性

矿产资源是由地质作用形成于地球表层（人类可开采深度）的具有资源意义的矿物集合体的总称。因此它们有三个基本特性：一是非人类所能创造的；二是不可再生的；三是其分布规律符合地质的时空演化规律，而不是按国家或地域均匀分布。

地球经历了约46亿年的形成和演化。矿产资源在复杂的地质演化过程中无论在时间上还是空间上都有不均一性，与人口的分布及国家的边界无关。这种不均一性导致矿产资源类型和资源量的分布在国家间的不均一，以及不同国家人均资源量和资源品种的占有量的不均一（图2-1）。

从重要的大宗矿产而言，铁矿床空间上主要分布于澳大利亚、巴西、俄罗

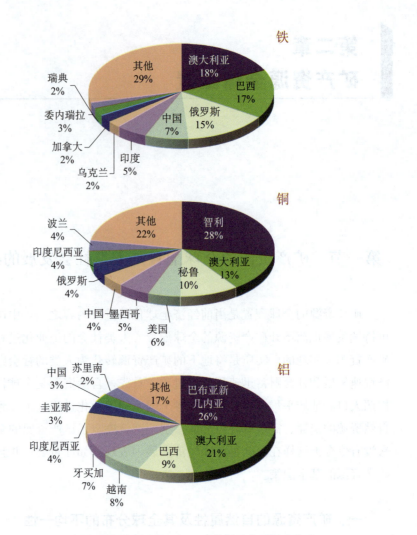

图 2-1　2013 年全球铁矿石、铜、铝土矿储量及主要国家占比

资料来源：美国地质勘探局（USGS），参见：www.usgs.gov

斯等国，中东和非洲相对匮乏。铜矿则集中于环太平洋带的北美及南美。铝矿被誉为第二大金属。巴布亚新几内亚、澳大利亚、巴西、越南和牙买加五国的铝土矿拥有量超过世界总储量的 70%。石油被誉为"黑色的金子"和"工业的血液"，是现代文明的动脉。据《BP 世界能源统计年鉴 2014》，截止到 2013 年年底，沙特阿拉伯、委内瑞拉、伊朗、伊拉克和科威特等地区的石油总储量为 8085 亿桶，约占世界石油总储量的 47.6%，值得一提的是，这五个国家的国土面积之和仅占全球陆地总面积的 3.53%。人均探明资源占有量是度量一个国家或地区矿产资源匮乏或富足的科学尺度，也是经济发展过程中人均占有自然

物质和自然财富的标识之一。从人均拥有量来说，中国、印度等发展中大国的石油、铝、铜等重要矿产资源的储量远不及世界平均人均水平。

必须强调的是，我国由于人口基数过大，所以人均矿产资源占有量很小，远不及世界人均占有量，尤其是石油、天然气、铝土矿、镍等，如图 2-2 所示。

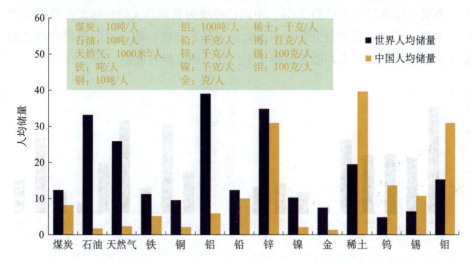

图 2-2　2013 年全球及中国主要能源与矿产资源人均储量对比

资料来源：BP. BP Statistical Review of World Energy 2014；USGS. U. S. Geological Survey, Mineral Commodity Summaries 2014；联合国统计署 . http：//data. un. org/Data. aspx? d ＝ PopDiv&f ＝ variableld％3a12 ［2015-11-15］

二、世界各国矿产资源消费水平的不均衡性

实际上，人们对矿产资源的占有量和消费量，并不是真正以本国领土内占有的资源量来计算。英国的工业化进程花费了约 200 年时间，美国用了近 100 年的时间，消耗了大量的矿产资源。而英国及其他西方国家如日本、美国和德国人均铝的拥有量几乎为零，英国、日本和德国的铁和铜矿的储量也远低于世界平均储量（王安建和王高尚，2002）。它们所消耗的这些矿产大都是通过殖民手段和其他手段从其他国家获取的。进入 21 世纪，不足世界人口 15％的发达国家集团仍然消耗全球 62％的石油，62％的铝，超过 50％的煤炭、钢和精铜；而人口占世界 79％的发展中国家集团仅消耗 31％的能源，以及 32％～45％的铝、煤炭、钢和精铜。

2000 年以来，全球矿产资源消费量快速增长。中国经济快速增长，带动矿产资源需求迅猛增加，成为新一轮全球矿产资源消费不断攀升的重要推动力。2013 年，中国消费了 7.2 亿吨粗钢、983 万吨铜、2205 万吨铝、38.5 亿吨煤炭和 25.3 亿吨水泥，消费量超过全球总量的 40％，即便是稀土、硒、钽、钨精矿、锡、锑、碲、硫、镍、铅、锌、锆、海绵钛、钴、石墨、钼和磷等矿产，消费占比也超过全球的 30％，中国已经成为名副其实的全球矿产资源消费第一大国。从人均消费量上看，中国大宗金属矿产铁、铜、铝的消费已经达到发达国家水平，但是人均能源消费水平与发达国家尚有差距（图 2-3）。

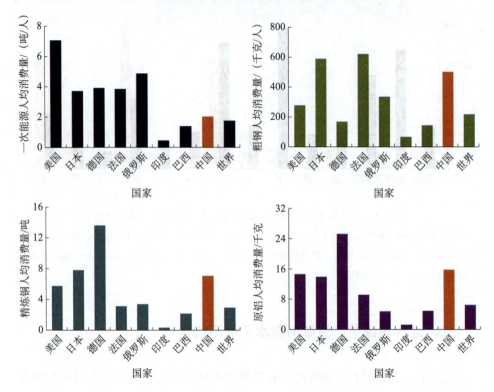

图 2-3　2013 年全球主要能源与矿产资源消费占比

资料来源：BP. BP Statistical Review of World Energy 2014；世界钢铁协会. Steel Statistical Year-book 2014；世界金属协会. World Bureau of Metal Statistics 2014

三、资源全球配置是我国矿产资源战略安全的重要保障

我国 1990～2012 年，石油消耗增长了 3.3 倍，而粗钢、精炼铜、原铝、精炼铅、精炼锌等大宗固体金属矿产资源的消耗增长分别达到了 8.8 倍、16.3

倍、23.9 倍、17.7 倍和 9.8 倍（图 2-4）。

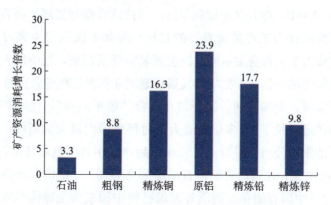

图 2-4　1990～2012 年中国重要矿产资源消费增长倍数

资料来源：BP. BP Statistical Review of World Energy 2014；USGS. U. S. Geological Survey, Mineral Commodity Summaries 2014；世界钢铁协会 . Steel Statistical Yearbook 2014；世界金属协会 . World Bureau of Metal Statistics 2014

　　近 20 年来，我国消费的境外矿产品越来越多，占世界消费总量的比例越来越大。在国际金融危机来袭的 2008 年，我国矿产品进出口总额占全国商品进出口总额的比例达到了 25.7％的高度（据《2008 年中国国土资源公报》）。2010 年，我国石油和铁矿石对外依存度分别达到了 54.8％和 53.6％（据《2010 年中国国土资源公报》）。至 2013 年，我国矿产品进出口总额首次突破了万亿美元大关（10 317 亿美元），占全国商品进出口总额的 24.8％（据《2013 年中国国土资源公报》）。

　　可见，资源全球配置是我国矿产资源战略安全的重要保障，也是我国社会经济可持续发展的重要保障。

四、中国的矿产资源全球配置促进全球各国的"互利共赢、共同发展"

　　必须强调的是，中国矿产资源的全球配置，与殖民时代帝国主义国家单方面掠夺弱小国家的资源有着本质的区别。中国政府倡导的全球化资源配置是建立在平等互利的基础之上，秉承的是"互利共赢、共同发展"的理念，是地球村居民们共同发展、可持续发展的需要。

　　以中国-非洲矿产资源合作为例，中非互利共赢的伙伴关系将有助于释放非洲大陆的经济潜力。全球生态保护组织世界自然基金会（World Wide Fund for Nature，WWF）在其《中国和非洲：可持续合作与发展》报告中认为，中国和非洲可共同致力于可持续发展的目标。亦如中国国家主席习近平所强调的，中国"致力于把自身发展同非洲发展紧密联系起来，把中国人民利益同非洲人民利益紧密结合起来，把中国发展机遇同非洲发展机遇紧密融合起来"。

在能源领域，中国石油集团公司在秘鲁"妙手回春"，让 100 多岁的塔拉拉油田最高产量增长了 10 多倍，成为当时秘鲁国内最大的新闻。在哈萨克斯坦，中国石油集团公司接手肯基亚克油田后，采用自主创新技术，3 年即建成 200 多万吨的产能，让哈萨克斯坦石油界为之轰动："中国人救活了我们的油田！"实际上，中国石油企业的境外发展已使中国成为全球能源安全的重要贡献国之一[1]。

可见，全球化是世界经济发展的必然趋势，它使得生产要素在全球范围实现更加有效的优化组合和优化配置，促进了全球经济的共同发展。但经济全球化在推动世界经济快速发展的同时，也使得全球资源竞争更加直接、更加激烈。

因此，资源全球化配置不仅是构建我国矿产资源安全体系不可或缺的重要环节，而且也是全球各国（尤其是众多发展中国家）共同发展、全球经济持续发展的需要。

第二节　我国矿产资源全球配置的方式

纵观多年来世界各发达国家实现工业化发展的历史，其获取全球矿产资源的方式大致可分为掠夺、购买和共同开发三大类。今天，和平与发展已成为世界的主流，和平崛起的中国不可能重复帝国主义、殖民主义掠夺的老路。因此，购买和投资共同开发成为我们的必然选择。

一、当今国际矿业形势错综复杂

当今的国际矿业领域，与国际经济形势和全球化进程一样，波涛暗流、错

---

[1]　中国石油新闻中心. 2014-01-20. "走出去"，走出了什么——中国石油海外油气合作 20 年的思考与启示. 中国石油报，第 2 版.

综复杂，全球矿业经济秩序正面临新旧交替和资源配置的调整融合。一方面，越来越多的国家对外开放，降低矿业投资的准入门槛；另一方面，资源民族主义、资源投资和贸易保护在很多地方盛行，资源政策随意改变，各国矿业领域的章程规范融合有待加强。

全球矿业投资的一大趋势是国际矿业投资多元化日益明确，矿业投资不仅在成熟国家进行，而且也在资源丰富但开发环境不利的"脆弱国家"进行，投资的矿种也呈现多元化。在这个过程中，资本选择的余地更大，各国吸引投资的竞争也加剧，但地缘政治格局会更加微妙，矿业投资局势也会更加复杂。

非常规的融资方式将更加受到重视。为了适应全球矿业的投资特点，全球矿业资本市场发生显著变化，特别是中国的民营企业，会出现融资渠道和制度的创新，这会为全球矿业投资市场注入新鲜的血液，比如矿产开采和制造业一体化、技术配套项目等。

在发达国家中，日本的资源需求主要靠境外来源，是发达国家开发利用境外资源的第一大国，其经验和模式对我国有很好的启示和借鉴意义。在日本，综合考虑投资风险、投资效益和可行性等因素后认为，海外资源开发必须遵循的原则是：与国际跨国企业联手，不追求控股；以探矿开发、投资开发和融资买矿的组合模式为最好；优先推进融资买矿开发模式。具体措施包括：①由政府出面组织大型开发海外资源的事业性法人集团；②国家建立海外矿产资源开发基金；③积极利用经济援助等外交政治手段；④采取鼓励原料进口的政策。

二、矿产资源全球配置过程中获取境外资源的方式

结合我国改革开放几十年在获取并利用境外资源方面积累的众多经验教训，我们建议以更经济、更安全、更弹性、更灵活的多种方式获得更多的境外资源。不要仅限于资源购买，而应灵活应用包括现货、长期合同供货、期货、投资、以物易物、合作开发、收购、参股、控股、独资、储备、科技援外、传统的非洲援助合作模式等多种形式。

首先，最简单的是直接购买国际矿产品，这又有现货、长期合同供货、期货等多种形式。它们各有其优缺点，应根据具体情况在三者之间采用不同的比例。我国的企业和产业联合组织经过几十年的博弈打拼，在这方面已经比较有经验了。

投资和合作开发则是很复杂的国际经济行为，包括了普查-勘查、矿山开发、冶炼等不同阶段的介入，以及参股、控股、收购、独资、合资等多种不同形式的参与。

（一）企业直接投资勘查、建设海外矿山

包括购买矿山采矿权、经营权和进行海外风险探矿等方式。获得海外矿产资源主要通过自己投资进行风险探矿或购买矿山采矿权、经营权这两种办法得到。但由于投资大、风险大，企业一般很难独立完成。发达国家政府为了鼓励企业占有海外矿产资源，通常对企业的海外风险探矿实行财政补贴政策，以减少企业的投资风险。

直接投资建设海外矿山可以有效地占有资源，同时带动国内技术、成套设备、材料、劳务出口，对国家和企业都有利。缺点是投资风险大，企业本身承受能力有限，需要国家提供一定支持。

除政府提供的风险勘探资金外，资本市场融资也是国外矿产勘查费用的重要来源。特别是那些处于初期勘探阶段的矿区，尽管存在风险，但由于也有一定前景，可以满足投资者的冒险心理，能够比较方便地在资本市场上以出售企业债券的方式筹集资金。不过，对处于详勘阶段和建设阶段的矿山，由于资源情况比较明朗，投资收益率也已经可以计算，在资本市场融资就不太容易了。

在国外矿山开发项目投资活动中，保险公司发挥着重要作用。例如，荷兰托克公司以融资买矿方式投资蒙古人民共和国额尔德尼图音鄂博铜矿时，为了化解风险，竟在全球找了 60 多家保险公司为其投资提供保险，随之而来的是银行也比较愿意提供贷款。

（二）与其他国企业合作，共同开发

多国多家企业共同投资开发境外资源，按投资股份获得资源和收益，可以有效地分担风险，是当前世界资源开发的一种趋势。这种方式不仅可以节省投资，缓解筹资压力，减少投资风险，而且可以学习先进企业的技术和管理为我所用。但由于谈判组织复杂，目前我国企业较少采用这种方式。因此，建议国家参照发达国家的办法，支持银行对我国企业以合作方式开发海外资源给予优惠出口信贷。

（三）采用政府间经济技术合作的方式

随着我国经济体制改革的深入，目前已经很少采用政府经济援助的方式直接在海外建设工业企业。但我国资源开发企业的实力与国际跨国公司相比，差距悬殊，抗御风险的能力较弱。为了加快我国对海外资源开发的步伐，支持我国资源开发企业在友好国家进行风险探矿和开发，适当采用政府间经济技术合

作的方式也是必要的，也可考虑对我国资源开发企业提供资本金、豁免企业海外开发产品税金等方式。

(四) 企业采取其他方式开发海外矿产资源

除上述三种途径外，还可以采用租赁或承包经营矿山、购买跨国公司精矿生产能力、长期买断国外矿山产品等方式。相比而言，这些开发方式投资较小，但风险较大，而且需要一定的机遇才能进行。此外，还可采用储备、以物易物等方式。

(1) 储备。包括直接储备矿产品和收购储备矿权和矿山。尤其应该抓住目前全球矿产品价格下滑、矿业企业经济效益滑坡这一机遇，在加大储备的同时，积极收购、参股、控股国外资源型企业。

(2) 以物易物。例如，可以充分利用钨、锡、稀土、锑、钼等我国的优势矿种，与国际社会开展互利共赢的矿产交换，从而改进我国在"资源外交"中所处的不利地位。建议对我国的优势矿种在国际市场的需求进行客观准确的评价，做到合理进口和合理出口，避免进出口分配不合理而造成经济损失并导致国家实际储量减少的后果。

在具体实施方式上，鉴于中铝集团受挫于力拓集团、中国五矿集团屡屡受阻于澳大利亚 OZ 公司、武汉钢铁（集团）公司碰壁于收购澳大利亚矿山、中国有色矿业集团被迫放弃澳大利亚 Lynas 公司，为了避免国际社会对"中国因素"的担忧，建议采取以下形式和程序：民营企业首先出面运作，国家开发行和中央地勘基金跟进支持，国有大型企业在适当的时候以适当的方式参与进去。例如，民营的青海嘉西钾盐有限公司首先在老挝获得钾盐探矿权并查明了一个超大型的富钾矿床，获得 2 亿吨钾石盐储量（相当于国内各盐湖钾储量的总和），然后中农集团跟进开发。正如国土资源部信息中心张新安在 2014 年中国国际矿业大会政策与金融论坛上所指出的，"全球矿业投资的主体正在从国有企业向民营企业转变"。同时，大力提倡"人民币结算"也是重要的策略之一。

第三节　我国矿产资源全球配置的布局

地区或国家的选择是"走出去"开发利用国外矿产资源时所面临的第一个问题，也是一个因素众多、极其复杂的问题。

作为一个经济活动，决定一个国家矿业投资环境的因素除资源禀赋（地质条件与资源丰度，以及地质信息的可得性）外，还包括该国的矿业法、矿业财税制度，以及其他相关法律。目前国际上较通用的矿产投资条件评价的标准和方法有 10 项标准，即地质标准、政治标准、销售标准、法规标准、财政标准、金融标准、环境标准、经营标准、利润标准和其他标准。其中，资源潜力、政治环境和资源体制是最为重要的。

而在我们的可行性研讨中，还需综合考虑地缘战略、国家关系、政治制度、政局稳定性，以及其他诸多因素。据此，我们将可能的全球矿产资源来源地划分为以下几大类：传统西方资源大国——澳大利亚、加拿大、美国；新丝绸之路国家和地区；非洲；拉丁美洲；俄罗斯和蒙古国；东南亚；大洋底、南极和北极。

它们各有其优缺点，需要我国有关部门联合起来组织开展专题研究，形成动态的研究报告，为国家的矿产资源全球配置战略决策和我国企业的境外资源投资提供依据。

具体而言，需要综合考虑以下诸多因素：①全球矿产资源的分布以及储、产、贸的主要国家和地区，尤其是周边国家和友好国家的矿产勘探程度与资源储量、供应能力预测和资源潜力与环境效应评估；②我国近期、中期和远期急需战略矿种在全球的分布、国际市场供求与价格、可承载程度和成本；③我国优势矿种在世界上的需求及安全对策；④和平时期、非常时期、特别时期的矿产资源国际市场情况、国内矿产供应能力、国外市场依存度及其预警机制和对策；⑤未来全球科学技术发展对矿产资源的贡献、需求变化发展趋势、供需矛盾与争夺；⑥打通矿产资源境外供应通道，避免诸如"马六甲海峡之痛"这类安全隐患。

可见，一个国家的矿产资源全球化战略涉及政治、经济、军事、安全、外交、社会发展等诸多方面，非常复杂。但其中的一个重要原则是，境外矿产品的来源地必须是多元发散的，要避免把所有的鸡蛋都放在同一个篮子里。实际上，近年来我国矿产品进口来源地已经有了较大的改善。如图 2-5 所示，2006

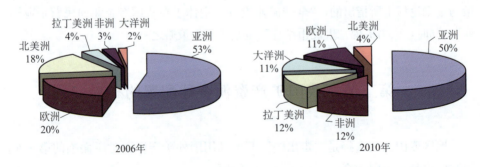

图 2-5　中国矿产品进口来源变化情况（按大洲统计）

资料来源：中华人民共和国国土资源部 . 2011. 中国矿产资源报告 . 北京：地质出版社

年我国进口自亚洲、欧洲和北美洲的矿产品占了总量的 91％，而到 2010 年则只占 65％，取而代之的是来自非洲、拉丁美洲和大洋洲的矿产品。

第四节　措施建议和讨论

一、部分措施建议

（1）站在全球配置的高度，做好全球地质和矿产资源分布与供给能力的基本评价。同时要有国家的科学团队和专业人员，以援建第三世界国家、与企业结合进行勘查和开采等多种方式进行全球的资源信息收集和国外矿产资源勘查的先期地质调查。例如，日本在第二次世界大战后设立日本国际协力事业团，投巨资在第三世界国家设立援建项目，收集矿产资源和能源情报。美国、欧洲等发达国家或地区也有不同类型的国际合作项目，而这是目前我国的薄弱环节。

（2）对国际上已探明矿产资源包括我国的优势出口矿种在 20 年、50 年、100 年不同时间尺度的产量、贸易量、二次和多次回收量、产品价格及其走势、用途和全球需求的变化态势进行综合的科学分析，判断不同时间尺度的矿产资源的供需状态、基本走向和可能出现的矛盾冲突。

（3）根据《国务院关于加强地质工作的决定》（2006 年），鼓励国内有条件的企业到境外开展重要矿产资源勘查开采活动，组建具有国际竞争力的矿业公司或企业集团，采取多种合作方式，增强在国外参与矿产资源勘查开发的能力。

（4）建立全球资源储、产、运、贸分布和供需与市场信息网络，包括我国进出口的安全与预警对策。

（5）优先周边是用好国外资源的基本策略，要尽快打通我国与邻国的矿产资源供给渠道，优先考虑构建我国北方跨国矿产资源基地。

（6）进一步加强国际范围内的科技合作，应对新形势下的矿产资源种类的拓宽、开采利用技术的革新和新型替代资源的更替与利用等，在全球经济化规则与格局中强化中国的国际地位。

（7）加强国际合作，勘探与开发公海洋底或极地的矿产资源。

（8）加强空间科技合作，为可能的外星球的资源勘查与利用做准备。

二、必需的讨论

如前所述，中国社会经济的可持续发展离不开矿产资源的全球配置。然而，中国的政府、中国的企业，甚至中国的科学家，为此准备好了吗？这是一个必须要做的讨论。

中国科学院发布的《2012 中国可持续发展战略报告》，其主题是"全球视野下的中国可持续发展"。该报告重点探讨了在新的全球化背景下中国与世界的关系，其中专门讨论了中国"走出去"战略引发所在国社会和环境冲突问题及其应对方略。认为必须从全球视野和新的国际发展环境全面反思国家及企业的海外发展战略，重新评价投资战略及其政治、经济、社会与环境风险，探索减小企业活动的负面影响的途径，使企业投资得到所在国政府和民众的欢迎，从而实现投资企业的可持续发展。

从企业的角度看，这实际上是中国采矿业的国际化挑战。也就是说，在经济全球化的推动下，我国矿产资源企业实施全球化经营战略已成为必然趋势，如何提升自身的国际化经营水平、形成与国际跨国公司相抗衡的能力，是其面临的一个重要课题。企业要采用或制定国际领先的环境保护和社会责任标准，建立企业内部专业的环境和社会责任管理部门，完善与利益相关方的沟通机制，全面评价投资环境和社会风险，同东道国政府和当地居民共享经济开发成果。

就政府部门而言，应配套相关政策管理体系，引导和规范企业履行环境和社会责任，提升国家和企业境外投资"负责任"的国家形象。首先，相关政府部门应出台针对采掘业、水电业等重点行业的海外投资规范或指南，规范投资者的环境和社会行为。其次，我国应建立海外投资项目环境和社会影响的有效监管体系，出台对企业不履行环境和社会责任的惩处措施。最后，政府应要求企业遵守现有的国际通用资源、能源、环境及相关领域可持续发展规则体系，积极参与或引领国际社会制定全球共用的绿色贸易和环境投资标准，推动双边和多边环境保护和可持续发展规则体系的建立。

参 考 文 献

世界自然基金会 . 2012. 中国和非洲：可持续合作与发展 .

王安建，王高尚 . 2002. 矿产资源与国家经济发展 . 北京：地震出版社 .

中国科学院可持续发展战略研究组 . 2012. 2012 中国可持续发展战略报告 . 北京：科学出版社 .

中华人民共和国国土资源部 . 2009. 2008 中国国土资源公报 .

中华人民共和国国土资源部 . 2011. 2010 中国国土资源公报 .

中华人民共和国国土资源部 . 2014. 2013 中国国土资源公报 .

第三章
成矿物质之谜

第一节　引　言

矿床是成矿物质异常富集的产物，因此成矿物质的来源和聚集过程是揭示成矿规律的切入点，是矿床学研究的核心问题之一。成矿物质主要有三个来源，地壳、地幔，以及少量的"天外来客"——陨石撞击。矿床学是一门古老的学科，但是矿床学发展到今天，一些重要矿床的成矿物质来源仍然不清楚，在很大程度上制约了矿床学的发展。

一般说来，成矿过程需要在一定范围内对成矿物质进行超常富集，通常贡献了成矿物质的地质体乃至整个成矿物质供应区应该相对亏损成矿元素。但是，实际情况并不总是如此。更奇妙的是，一些矿种，可以在很小的区域，乃至单个矿床内聚集全球 40% 以上的探明储量，却并未见到与之对应的亏损区。究竟是什么地质过程导致了成矿元素如此不均匀地巨量富集？成矿物质来自何处？是地球上原始不均匀性还是地质演化过程造成了成矿物质的富集，还是兼而有之？成矿物质是如何运移、富集并最终聚集成矿的？究竟是哪些地质过程、物理化学条件控制着特定成矿物质的运移、富集？本节从地球演化的角度简要介绍不同成矿物质来源。

第二节　地球的形成演化与成矿物质

地球是太阳系最大的类地行星。地球在大约 45.67 亿年前形成，经历了从星云凝聚到星子碰撞的过程。目前主流观点认为地球早期经历了一次"火星撞地球"式的星球大碰撞：一个火星大小的星子与已经达到现今体积 90% 左右的原始地球发生碰撞，使整个地球成为一个全部熔融的"大火球"——岩浆海，同时飞溅出去的物质形成了月球（图 3-1）。

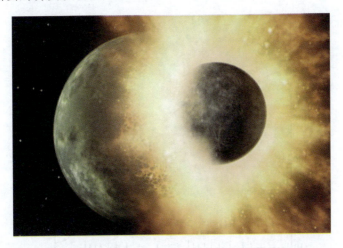

图 3-1 地球早期大碰撞示意图。大碰撞形成了岩浆海，飞溅出去的物质重新吸积形成了月球
资料来源：http://www.space.com/ ［2015-11-13］

在地球形成以后 3000 万年左右，地球就基本完成了核幔分异，形成了地核、地幔、地壳和大气圈。在这个过程中，不同的元素发生了强烈的分异，金属态的铁、镍、铂族元素等亲铁元素进入地核；氧化态的钾、钠、钙、镁、铝、铁等亲石元素进入地幔，进而分化出洋壳乃至大陆地壳；铜、铅、锌等亲硫元素优先进入硫化物中；二氧化碳、氮气等进入大气圈（图 3-2）。

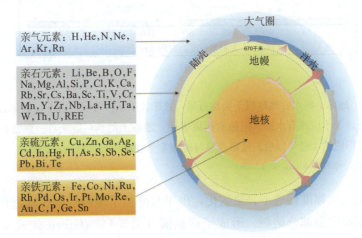

图 3-2 地球的结构和元素分异
资料来源：修改自 http://largeigneousprovinces.org/sites/default/files/Image8B.jpg ［2015-12-11］

　　此后 1 亿年左右，一颗富水的星子与地球发生碰撞，形成了类地行星中唯一的水圈（图 3-3）（Albarède，2009）。

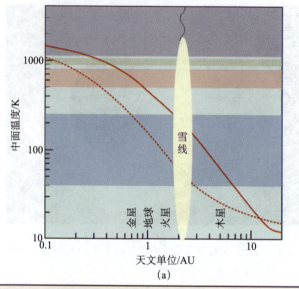

(a)

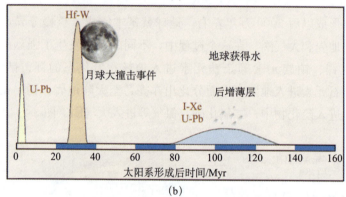

(b)

　　图 3-3　地球上的水。地球属于类地行星，处于太阳系"雪线"以下，从星云吸集的过程看，地球上不应该有水圈。同位素研究表明，地球上的水可能来自一颗富含水的彗星。在地球形成约 1 亿年以后，这颗彗星与地球发生碰撞

　　资料来源：修改自 Albarède（2009）

　　水的加入大幅度促进了岩浆演化，由于水降低了地幔的固相线，在岩石圈底部出现了小比例部分熔融，形成了软流圈（图 3-4）（Green et al.，2010）；软流圈使漂浮于其上的岩石圈像巨舰一样，可以运动，这样地球上就出现了板块运动；由于水的加入和板块俯冲，地球上的岩浆分异程度远远高于其他类地

行星，出现花岗岩，形成了大陆地壳。在随后的 45 亿年里，各种矿床相继出现，其中部分矿床被保存下来，为人类所利用。

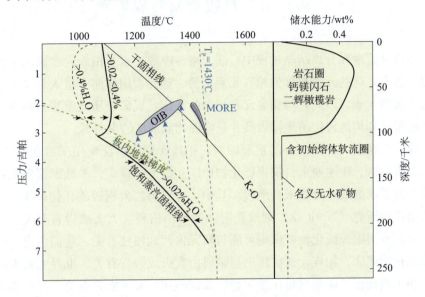

图 3-4　上地幔中含水矿物的稳定性与软流圈。韭闪石是上地幔中最重要的含水矿物，其性质在 90 千米深处有巨大的变化，发生分解，使地幔物质因自由水的加入而发生小比例部分熔融，形成软流圈

资料来源：Green 等（2010）

成矿物质来源是矿床学的一个核心问题。主流的观点认为地质演化过程是引起成矿物质富集的关键。也有观点认为地球的原始不均一性对成矿有重要作用。研究表明，铜镍硫化物、铬铁矿、金刚石等与相容元素有关的矿床，成矿物质主要来自地幔，通常与地幔柱等基性、超基性岩及金伯利岩等有关；而对于铅锌银、钨锡钼、铀钍等与不相容元素有关的矿床，成矿物质则主要来自地壳（图 3-2）。少数矿床来自陨石撞击。

对于大多数矿床，地质演化可以较好地解释成矿物质的来源。但是，对于一些超大型矿床，还有很多难以解释的现象，其成因存在很大的争议。一种观点认为，某些超大型矿床可能与地球的原始不均一性有关。这种模型面临的挑战是：地球的主要吸积过程发生在 45 亿年前，而地球上目前残存的最古老的岩石残片只有 44 亿年。经过数十亿年的地幔对流、地壳熔融和风化剥蚀，原始的不均一性是否能被保存？保存的程度如何？是否对后期的成矿产生过影响？这些问题都有待回答。

第三节　地幔物质与成矿

在部分熔融和分离结晶过程中，镁、铬、镍等元素及铂族元素倾向于留在地幔矿物中，这些元素被称为相容元素；另一些元素则倾向于进入岩浆中，被称为不相容元素。因此，与相容元素相关的矿床，成矿物质通常来自地幔。其中，地幔柱和构造侵位的地幔岩残片是幔源物质成矿的主力军。

镍、铬是生产优质合金的重要原料，铂族元素则广泛应用于催化反应中，是工业维生素。镍主要来自铜镍硫化物矿床和红土型镍矿。多数铜镍硫化物及铂族元素矿床的成矿物质来自地幔。其中，世界第二大铜镍硫化物矿床——俄罗斯的诺瑞斯克（Noril'sk）则被普遍认为与西伯利亚大火成岩省有关。世界第三大的金川铜镍硫化物矿床则可能与新元古代地幔柱有关。我们西南二叠纪铜镍硫化物矿床、铂族元素矿床则与峨眉山大火成岩省有关。世界上最大的铬铁矿和铂族元素矿床都与布什维尔德（Bushveld）大火成岩有关。红土型镍矿则是构造侵位的地幔橄榄岩残片强烈风化的产物，通常形成于热带雨林等强风化环境。从储量来看，红土型镍矿高于铜镍硫化物矿床，但是由于开采、冶炼成本较高，目前其开发利用程度远低于铜镍硫化物矿床。值得指出的是，铂族元素是亲铁元素，按照分配系数计算，在地球分异过程中铂族元素应该几乎全部进入地核。但是由于在核幔分异的同时，陨石不断撞击，地幔中铂族元素的含量远高于预期值，有利于成矿。

金刚石是硬度最大的矿物，用途十分广泛。同时由金刚石加工而成的钻石是宝石之王（图 3-5）。金刚石矿也主要来自地幔。金刚石和石墨的成分都是单质碳。在地球上，碳主要以金刚石、石墨、碳酸盐、甲烷和碳合金等形式产出。其中，在 170 千米以深的地球深部，金刚石是主要的含碳矿物。由于金刚石的熔点远高于硅酸盐，所以金刚石稳定区内元素碳属于相容元素。已经发现的金刚石主要产出在具有巨厚岩石圈的古老地体中，是由金伯利岩爆炸式喷发带到近地表的（图 3-5）。由于金伯利岩往往都很年轻，金刚石与古老岩石圈及金伯利岩之间的关系，目前还存在争议。另外，球粒陨石中碳和金刚石的含量均很高。其中碳质球粒陨石的碳含量达到 3.5％左右。由球粒陨石聚集形成达到地球应该具有很高的碳。但是现在估计的地幔中碳的丰度值仅为 100×10^{-6} 克/克，这一估计值可能远低于真实值。地幔中碳的丰度和存在形式涉及深部碳循环乃至气候变迁，是科学家所关心的重要问题。

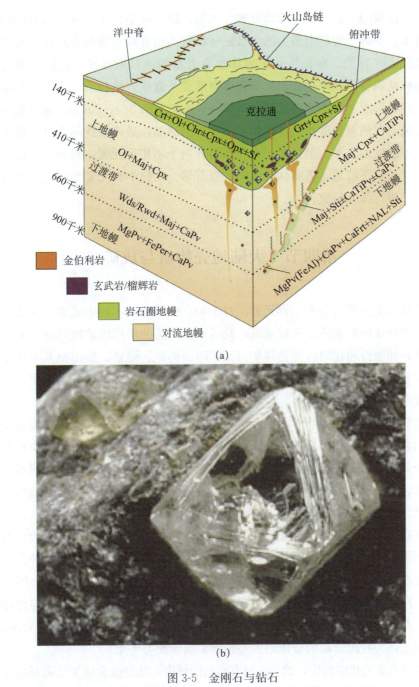

图 3-5 金刚石与钻石

资料来源：图（a）修改自 Shirey 等（2013），图（b）引自 http：//www.guokr.com/article/

7307/? page＝3 ［2015-11-27］

　　值得注意的是，一些不相容元素，如钒、钛、铁等矿床也可以与地幔岩浆活动有关。例如，世界上最大的钒钛磁铁矿就产出在四川攀枝花地区，与峨眉山大火成岩省有关。布什维尔德岩体也有大量的钒钛磁铁矿。目前的研究认为，攀枝花钒钛磁铁矿是在岩浆演化后期形成了富铁岩浆与富硅岩浆不混熔的现象，最后形成了数十米厚的厚大矿体（Wang and Zhou，2013）。这可能是由于大火成岩省的氧逸度较低，抑制了磁铁矿的结晶，最终使铁的含量达到了足以发生不混熔的水平。但是对于为什么另外两个不相容元素，钒和钛，也强烈富集，目前尚不清楚。需要从矿床学、岩石学、矿物学和元素地球化学等多方位入手，进行深入研究。

第四节　大陆地壳物质与成矿

　　大陆地壳强烈富集不相容元素。对于铅、铀等高度不相容元素，大陆地壳相对于原始地幔富集约 2 个数量级，此类元素有关的矿床成矿物质通常来自大陆地壳，如密西西比河谷型铅锌矿（MVT）、钨矿、锡矿、造山型及卡林型金矿，以及铀钍、铌钽等矿床。从成矿过程看，这些矿床又可以分为岩浆热液矿床、变质矿床和表生矿床等。

　　铅锌是重要的工业物资，在蓄电池、电镀等方面用途广泛。铅锌均属于不相容元素。其中铅在板块俯冲过程中十分活跃，因此其在陆壳中的富集程度很高。铅锌矿有很多种类型，其中，密西西比河谷型铅锌矿规模大、埋藏浅，易于开采，是最重要的矿床。此类矿床最早发现于美国的密西西比河谷地区，因此得名。这种矿床的形成与地下热卤水长距离迁移有关（Leach et al.，2010）。热卤水密度大且具有一定的氧化性，在隆升地区热卤水会顺地势迁移数百乃至上千千米，同时捕获地层中的铅锌等成矿物质，以卤素络合物的形式长距离搬运，并在隆起区周缘的沉积盆地中富集成矿。成矿矿物主要以方铅矿、闪锌矿为主，同时含有黄铁矿和少量的黄铜矿等其他硫化物。此类矿床往往与膏盐层伴生，是膏盐在高温下与油气等还原性物质反应，从而提供了成矿所需的硫。一种观点认为我国云南的金顶超大型铅锌矿属于此类矿床。

　　钨是重要的战略物资，钨合金具有很高的硬度，是制造金属加工刀具的重要材料。德国人曾利用从英国进口的钨，大大地提高了其武器制造的水平，在第二次世界大战初期欧洲战场上占尽优势。钨是高度不相容元素，在大陆地壳中高度富集。钨矿通常与高演化花岗岩密切相关，以石英脉型和矽卡岩型钨矿床最为常见。钨矿可以形成于氧化性岩浆岩，也可以与还原性岩浆有关。值得注意的是，全球 50％以上的钨产出于我国华南地区，主要形成于侏罗纪时期。为什么华南如此富集钨矿？形成时代如此集中？相关研究是矿床学热点，目前仍存在很大的争议。

　　锡在人类文明进程中起到过举足轻重的作用。锡与铜的合金——青铜，熔点低，易于铸造，主导了人类历史 4000 多年的青铜时代（图 3-6）。锡矿的分布也是相当不均匀。我国华南锡矿储量占全球探明储量的 20％左右。因为常常与钨矿伴生，习惯被称为华南中生代钨锡成矿。但是实际上华南锡矿成矿时代比钨矿长，从侏罗纪到白垩纪。锡的地球化学行为与钨有着明显的差别，首先是其不相容性远低于钨；其次，锡的地球化学行为受氧逸度的影响很大。在氧化条件下（如磁铁矿型花岗岩），锡主要是正四价，在岩浆演化早期即进入一些副矿物中，因此不容易成矿。在还原条件下（如钛铁矿型花岗岩），锡主要是正二价，表现为不相容元素的特点，在岩浆演化后期进入流体而成矿。华南锡矿为什么会常常跟钨矿共生？特提斯构造域锡矿为什么如此多？这些地质问题都与锡的地球化学性质有着密切的关系。

图 3-6　锡与青铜器

资料来源：http：//baike．baidu．com/view/30295．htm？fr＝aladdin［2015-11-03］

金是人类最早利用的金属之一。金矿的种类很多，包括造山型金矿、卡林型金矿、斑岩金矿、铁氧化物铜金矿及砂砾岩型金矿等。其中，造山型金矿通常有明金，可以直接开采利用。早在 2600 多年前，著名思想家管仲就在《管子·地数篇》中有"上有丹砂下有金"的记载，指的应该是造山型金矿。造山型金矿是一种典型的变质矿床。因为通常分布在造山带中，所以被称为造山型金矿。目前全球已探明的 118 个储量超过 150 吨的金矿中超过 50 个为造山型金矿。据估计，包括其形成的砂金矿在内，全球探明造山型金矿的储量约为 3 万吨（Goldfarb et al.，2001），仅环太平洋地区就超过 1.2 万吨。南非威特沃特斯兰德（Witwatersrand）金矿是世界上最大的金矿，属于砾岩金矿（Kirk et al.，2002），2010 年数据显示，该矿已经开采出约 4.8 万吨的金，占人类历史上黄金开采总量的约 40%。孙卫东等认为威特沃特斯兰德金矿的原生矿很可能属于太古代绿岩带内的造山型金矿（Sun et al.，2013a）。并由此推断全球造山型金矿的总探明储量超过 8 万吨。造山型金矿的围岩最常见的变质相是绿片岩相到低角闪岩相（Goldfarb et al.，2001；Goldfarb et al.，1998；Groves et al.，1998），其形成主要受控于三个因素。首要因素是安山岩。在地幔岩浆作用中，金表现为中度不相容元素的特点，可以在岩浆演化过程中富集数倍。但是，当岛弧岩浆演化到安山岩以后，金在岩浆中的含量会突然大幅度下降，因此，安山岩中金的丰度最高，可以到达 10×10^{-9} 克/克，而大陆地壳中金的含量在 $1 \times 10^{-9} \sim 2 \times 10^{-9}$ 克/克，与地幔中的丰度相当。第二个控制因素是变质作用。在绿片岩相向角闪岩相（温度在 500℃左右）时，黄铁矿转变为磁黄铁矿，释放出硫和富硅流体，这种流体可以高效萃取地体中的金，形成成矿流体。第三个控制因素是构造破裂。在造山带中由于挤压，会产生破裂，出现地震。成矿流体往往在地震后很短的时间内集中释放，从而形成以石英脉为主的造山型金矿。有关造山型金矿的主要科学问题有：为什么全球 40% 的探明储量聚集于太古代的威特沃特斯兰德矿？如此多的金是如何聚集的？是地球早期不均匀性还是其他原因？是否有可能存在其他类似的超大型金矿？为什么在元古代有约 10 亿年的时间没有形成造山型金矿？除了金以外，还有哪些元素可以形成造山型矿床？

铀是最重要的核材料。由于铀是高度不相容的，在大陆地壳中高度富集，因此铀矿的成矿物质主要来自大陆地壳。铀矿的种类也很多。最常见的铀矿是表生铀矿，如砂岩型铀矿。铀主要来自其含矿层本身和蚀源区，铀在表生过程中被氧化为可溶性的正六价，随水迁移，在还原区沉积成矿。从储量来说，与岩浆岩有关的内生铀矿更重要。例如，世界上最大的铀矿是澳大利亚奥林匹克坝，该矿是铁氧化物-铜-金-铀（IOCG）多金属矿床，2005 年的储量数据是3810 万吨铜（品位 1%）、1900 吨金（品位 0.5 克/吨）、150 万吨 U_3O_8（品位400 克/吨）。此外还有超过 100 亿吨的铁，以及银、氟、钡、轻稀土等。这么大规模的矿化和这么多地球化学不同性质元素的共同富集的机理和物质来源尚未解决。

第五节　俯冲工场与成矿

板块俯冲过程中元素会发生很大的分异，产生岛弧岩浆和相关的矿床。这一过程被形象地称为"俯冲工场"（Sun et al.，2014）。全球三大成矿域：环太平洋成矿域、喜马拉雅特提斯成矿域和中亚成矿域均与板块俯冲相关。与板块俯冲有关的矿床很多，包括浅成低温热液矿床、斑岩铜金矿床、铅锌银矿、铁氧化物铜金矿床等。其中斑岩铜金矿床绝大多数是与板块俯冲有关的。

铜是人类文明发展最重要的一个元素。除了超过 4000 年的青铜时代是以铜为主角外，现代化的电子时代也离不开铜。全球 80% 左右的铜资源来自斑岩铜矿。其中一半以上的斑岩铜矿分布在美洲西海岸，40% 左右的探明铜矿储量分布在智利这个不足 76 万平方千米的小国。在智利的超大型斑岩铜金矿床中，埃尔特尼恩特（El Teniente）和丘基卡马塔（Chuquicamata）铜的储量分别在1 亿吨和 7000 万吨左右，仅此两矿就占全球探明铜储量的 15% 左右（图 3-7）。

铜是一种亲铜、亲硫元素，在原始地幔中的丰度约为 30×10^{-6} 克/克，在大陆地壳中的丰度约为 27×10^{-6} 克/克，在洋壳中的丰度约为 100×10^{-6} 克/克。斑岩铜矿的平均品位在 0.4% 左右，常常有平均品位 1% 以上的斑岩铜矿。如果由地幔或地壳成矿，需要将铜富集 130～300 倍；即使是洋壳也需要富集40～100 倍。但是铜在岩浆演化过程中通常是中度不相容元素，例如，大洋玄武岩岩浆演化过程中可以使铜富集 3 倍左右，达到约 100×10^{-6} 克/克，更重要的是形成斑岩铜矿的岩体往往演化程度不高，很难达到成矿标准，因此需要硫化物和流体的参与。模拟实验表明，流体过程可以使铜再富集 4 倍左右。岩浆与流体活动两个过程叠加，可以产生 12 倍左右的富集，远低于所需要的 40～300 倍以上的要求。而对于很多大型、超大型矿床，成矿物质的总量也是一种巨大的挑战。众所周知，斑岩铜金矿床往往产出于小的斑岩体，矿体面积一般小于 1 平方千米。斑岩矿床的成矿深度通常在 2～4 千米，成矿物质补给区的深度一般在 5～10 千米。有人认为少数斑岩的成矿物质可以来自 15 千米深处

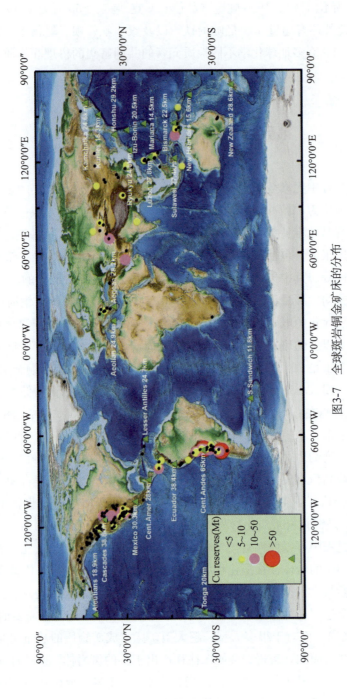

图3-7 全球斑岩铜金矿床的分布

资料来源：Sun等（2015）

（Sillitoe，2010）。但是从水在岩浆中的溶解度看，10千米以上的深度下，流体通常溶解在岩浆中。因此，参与成矿的岩体体积一般在10立方千米以内，少数可以到15立方千米。即使对于丘基卡马塔和埃尔特尼恩特这两个探明储量超过7000万吨铜金属量的超大型矿床，矿体面积也不过几平方千米，其成矿物质补给区也不超过100立方千米。按照岛弧岩浆岩平均铜含量100×10^{-6}克/克计算（Lee et al.，2012），假设成矿岩石中的铜全部被萃取到矿床中，形成丘基卡马塔这样的大矿需要超过1000立方千米的岩浆贡献出全部的铜；如果成矿物质来自陆壳，需要超过3000立方千米的陆壳岩石。实际上，矿源区的铜不可能被全部萃取并运移、富集成矿，相反矿区周围的岩石往往比普通陆壳岩石更富铜，由此估算的成矿岩体积要比实际观测到的成矿岩体及推测的深部补给区体积大10倍以上。这是解决斑岩铜矿成因不能回避的问题。

为此，一些学者提出多次富集的斑岩铜矿成矿模式。即超大型斑岩铜矿都是多次叠加成矿的产物：早期岩浆多次留下富铜、富硫化物堆晶岩，这些富铜、富硫化物堆晶岩被熔融形成超大型矿床（Lee，2013；Wilkinson，2013）。这种模型的困难在于，首先，斑岩相关的硫化物通常是高氧化的，硫主要以硫酸盐的形式产出，很难达到硫化物饱和，不容易富集于堆晶岩。只是在斑岩成矿过程中，磁铁矿、赤铁矿结晶后，热液硫化物会大量富集。其次，富硫化物堆晶岩的氧逸度很低，而斑岩铜金矿床都是高氧化性的。斑岩铜矿形成的最佳氧逸度范围在$\Delta FMQ+2 \sim +4$，硫在成矿斑岩中主要是以硫酸盐形式存在的。而富硫化物堆晶岩中硫主要以硫化物形式存在。要在部分熔融过程中将如此大量的硫化物氧化为硫酸盐，需要超氧化的外来岩浆等物质的加入。此外，如果成矿物质是储存在还原性的堆晶岩中，一个潜在的结果是，矿床越大氧逸度越低。这种现象至今尚无报道。与此相反，超大型矿床的氧逸度往往更高。更重要的是，通常在部分熔融过程中很难把早期堆积的富硫化物堆晶岩中的硫化物全部熔出。在这种情况下，由于铜会倾向于留在残留相中，不利于形成大矿。此外，这种模型也很难解释为什么在相同的构造背景下，前面的岩浆可以足够还原，留下大量的还原性堆晶岩，而后面的岩浆突然有超强的氧化性而成矿。面对这种困境，有学者甚至认为成矿纯属多种有利于成矿的因素叠加的偶然事件（Richards，2013）。

另一些学者则根据超大型斑岩铜金矿床通常与俯冲洋脊在空间上的对应关系，以及斑岩铜金矿床通常与俯冲洋壳部分熔融形成的埃达克岩相关，提出俯冲洋壳部分熔融是形成大型、超大型斑岩铜金矿床的关键（Sun et al.，2013b）。模拟计算显示，在俯冲带高氧逸度环境下，俯冲洋壳部分熔融形成的初始岩浆中铜的含量可以达到 400×10^{-6} 克/克以上，可以与报道的美国西部下地壳富铜、富硫化物堆晶岩的铜含量相比。只需富集 10 倍左右即可达到斑岩铜金矿床的成矿品位，完全可以通过岩浆演化加上热液过程来实现富集成矿。

这种模型要面对的问题是：为什么洋脊俯冲通常持续几千万年，而斑岩铜金矿床成矿却一般集中在很短的时间内？除了洋脊俯冲所引发的部分熔融外，还有哪些因素控制着成矿物质的富集和斑岩铜金矿床的形成？为什么洋脊俯冲更为彻底的北美斑岩铜金矿床远少于南美？

第六节　陨石撞击与成矿

地球是由星云吸积而成。其基本过程是：星云吸积形成成分不同的微粒，进而形成大小不一的星子、小行星；星子、小行星相互吸引、碰撞，最终形成行星。此后，陨石的撞击频率和强度越来越小。由于形成于太阳系不同部位的星子在成分上有很大的差异，一些学者提出了"星子堆积"学说，认为地球形成的最后阶段可能是数个大的星子吸积而成，因而形成了地球的原始不均一性（欧阳自远等，1995）。由此暗示一些超大型矿床可能继承了地球的这种原始不均一性。但是目前我们对于地球早期的不均一性还知之甚少。如果地球早期经历过岩浆海事件，那么岩浆海固结之前，陨石、星子的不均一性可能都被基本抹平了。

目前已经确认的陨石撞击直接产生的矿床并不多。比较公认的与陨石撞击有关的大型、超大型矿床是加拿大的萨德伯里（Sudbury）超大型铜镍硫化物矿床（图 3-8）。该矿床产于一个直径约 250 千米的陨石坑内，是世界第一大铜镍硫化物矿床。矿床形成于元古代（约 1840Ma），与一颗直径 10～15 千米的小行星有关。但是最新研究认为，萨德伯里是彗星而不是小行星撞击的产物。但是彗星是否有如此多的铜镍硫化物，这是一个值得研究的问题。

陨石撞击可以产生超高温压条件，从形成高压矿物。例如，石英会转变为柯石英和斯石英，石墨会转变为金刚石。但是通常，由于陨石撞击的时间较短，形成的矿物往往是微米级的，一般没有工业价值。但是，2012 年 9 月 19 日新华网转美联社消息，俄罗斯科学院新西伯利亚地矿研究所所长尼古拉·波克连科夫称，俄罗斯远东地区西伯利亚的波皮盖陨石坑藏有"几万亿克拉"的冲击金刚石，远远超过目前全球已知常规金刚石储量。报道称这个直径 100 千米的陨石坑形成于 3500 万年前。但是目前尚未见相关研究论文发表。

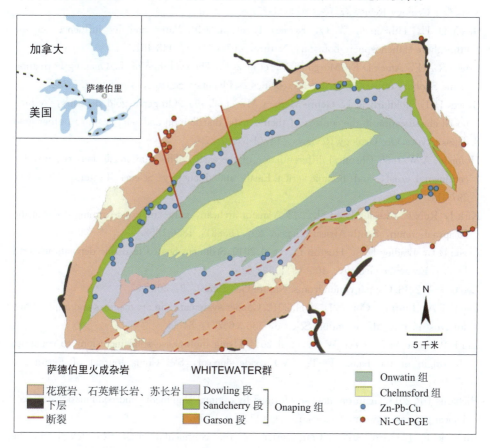

图 3-8　加拿大萨德伯里陨石撞击形成了全球最大铜镍硫化物矿床

资料来源：修改自 Grieve 等（2010）

参 考 文 献

欧阳自远，张福勤，林文祝，等 . 1995. 行星地球的起源和演化模式——地球原始不均一性
　　的起源及对后期演化的制约 . 地质地球化学，（5）：11-15.

Albarède F. 2009. Volatile accretion history of the terrestrial planets and dynamic
　　implications. Nature, 461 (7268)：1227-1233.

Goldfarb R J，Phillips G N，Nokleberg W J. 1998. Tectonic setting of synorogenic gold depos-
　　its of the Pacific Rim. Ore Geology Reviews，13 (1-5)：185-218.

Goldfarb R J, Groves D I, Gardoll S. 2001. Orogenic gold and geologic time: A global synthesis. Ore Geology Reviews, 18 (1-2): 1-75.

Green D H, Hibberson W O, Kovacs I, et al. 2010. Water and its influence on the lithosphere-asthenosphere boundary. Nature, 467 (7314): 448-451.

Grieve R A F, Ames D E, Morgan J V, et al. 2010. The evolution of the Onaping Formation at the Sudbury impact structure. Meteoritics & Planetary Science, 45 (5): 759-782.

Groves D I, Goldfarb R J, Gebre-Mariam M, et al. 1998. Orogenic gold deposits: A proposed classification in the context of their crustal distribution and relationship to other gold deposit types. Ore Geology Reviews, 13 (1-5): 7-27.

Hofmann A W. 1988. Chemical differentiation of the earth: The relationship between mantle, continental crust, and oceanic crust. Earth and Planetary Science Letters, 90 (3): 297-314.

Kirk J, Ruiz J, Chesley J, et al. 2002. A major archean, gold- and crust-forming event in the Kaapvaal craton, South Africa. Science, 297 (5588): 1856-1858.

Leach D L, Bradley D C, Huston D, et al. 2010. Sediment-hosted lead-zinc deposits in earth history. Economic Geology, 105 (3): 593-625.

Lee C T A. 2013. Copper conundrums. Nature Geoscience, 8: 506-507.

Lee C T A, Luffi P, Chin E J, et al. 2012. Copper systematics in arc magmas and implications for crust-mantle differentiation. Science, 336 (6077): 64-68.

Liu P P, Zhou M F, Chen W T, et al. 2014. Using multiphase solid inclusions to constrain the origin of the baima Fe-Ti- (V) oxide deposit, SW China. Journal of Petrology, 55 (5): 951-976.

Richards J P. 2013. Giant ore deposits formed by optimal alignments and combinations of geological processes. Nature Geoscience, 6 (11): 911-916.

Rudnick R L, Gao S. 2003. Composition of the continental crust//Rudnick R L. The Crust. Treatise on Geochemistry. Oxford: Elsevier-Pergamon.

Shirey S B, Cartigny P, Frost D J, et al. 2013. Diamonds and the geology of mantle carbon. Reviews in Mineralogy and Geochemistry, 75 (1): 355-421.

Sillitoe R H. 2010. Porphyry copper systems. Economic Geology, 105 (1): 3-41.

Sun W D, Bennett V C, Eggins S M, et al. 2003. Rhenium systematics in submarine MORB and back-arc basin glasses: Laser ablation ICP-MS results. Chemical Geology, 196 (1-4): 259-281.

Sun W D, Li S, Yang X Y, et al. 2013a. Large-scale gold mineralization in eastern China induced by an early cretaceous clockwise change in Pacific plate motions. International Geology Review, 55 (3): 311-321.

Sun W D, Liang H Y, Ling M X, et al. 2013b. The link between reduced porphyry copper deposits and oxidized magmas. Geochimica Et Cosmochimica Acta, 103: 263-275.

Sun W D, Teng F Z, Niu Y L, et al. 2014. The subduction factory: Geochemical perspectives. Geochimica Et Cosmochimica Acta, 143: 1-7.

Sun W D, Huang R-F, Li H, et al. 2015. Porphyry deposits and oxidized magmas. Ore Geology Reviews, 65: 97-131.

Wang C Y, Zhou M F. 2013. New textural and mineralogical constraints on the origin of the Hongge Fe-Ti-V oxide deposit, SW China. Mineralium Deposita, 48 (6): 787-798.

Wilkinson J J. 2013. Triggers for the formation of porphyry ore deposits in magmatic arcs. Nature Geoscience, 6 (11): 917-925.

第四章
成矿流体之谜

第一节 引　言

流体广泛发育在地球的各种环境中，而在地质过程中产生的流体常被称为"地质流体"，比如形成于现代海底喷流系统的热液流体、火山喷发形成的岩浆流体等（图4-1）。地质流体的形成及其演化过程对于地球环境变化和元素分布有着重要影响。

图 4-1　地质流体

（a）海底黑烟囱；（b）火山爆发喷出的岩浆

资料来源：图（a）引自 http：//www. hinews. cn/news/system/2012/01/12/013936181. shtml ［2015-12-25］；图（b）引自 http：//www. nipic. com/show/11136993. html ［2015-12-25］

金属矿床的形成与地质流体作用紧密相关。全球最主要的矿床类型——热液矿床的形成与不同性质的热液流体直接相关，而与中、低温热液关系不大的岩浆型矿床则与岩浆流体相关。虽然目前对于流体成矿作用的重要性有了一定的了解，但人们对成矿流体的性质和演化等众多方面依然处于探索阶段，流体成矿过程的"庐山真面目"还有待进一步揭示。比如，初始成矿流体来源于何处？不同性质的成矿流体是如何对金属元素进行选择性搬运的？携带金属的成矿流体又是如何运移的？流体所搬运的金属元素又是通过何种机制最终沉淀聚集成矿的？不同来源的成矿流体对成矿有何不同的贡献？这些关于成矿流体的科学问题正引领着当前矿床学研究的前沿，也是成矿作用研究的热点和难点。对流体精细成矿过程进行深入研究，将有助于我们确定矿床类型，建立准确的成矿模式，从而有效地指导找矿勘查工作的进行。

第二节　成矿流体如何搬运金属元素

金属元素在地壳中的丰度值一般达不到工业品位，要形成有经济价值的矿体则需要金属元素巨量聚集。实现这一过程的"最大功臣"就是成矿流体。不同地质单元所含的金属元素含量是有一定差别的，比如，偏基性的洋壳较富含铜和金，中酸性的上地壳较富含铅、锌、钨、锡和钼，上地幔或更深的地质单元更富含铁、镍等。成矿流体首先要将这些金属元素从"母体"中萃取出来，而"萃取"的具体过程是当前成矿理论研究的热点。以全球最大的铜矿类型——斑岩型铜矿为例，铜可能通过三阶段的分异过程逐步富集：第一阶段是上地幔-下地壳环境下原始岩浆的形成和结晶分异，在高氧逸度和硫化物缺失的情况下，铜不相容，更趋向集中于熔体中（Liu et al.，2014），从而完成第一步的"萃取"过程；第二阶段是熔体与岩浆热液的分异，铜等金属元素多集中于岩浆热液中，形成具备成矿潜质的"热液卤水"；第三阶段是热液流体气液相分离，传统认为该过程中铜等金属元素会进一步保留在高盐度的卤水中，当达到饱和度时发生矿质沉淀。但最近的研究表明，铜等金属元素也可能更集中于低密度的"气相流体"中（图 4-2；Seo and Heinrich，2013；Tattitch et al.，2015）。铜、金、铁、铅、锌等金属元素一般不能直接被流体搬运，而是以可溶解络合物的形式存在于流体中，如金、铜等常与 HS^- 形成络合物进行搬运，另外，Cl^- 也常与各种金属元素形成络合物。然而，在各种矿床类型中，主要成矿元素在各成矿阶段的搬运形式仍然存在很多谜团，尤其是缺乏直接的实验证据。不同性质的热液流体如何对金属元素进行选择性搬运仍然是当前成矿流体研究的前沿科学问题。

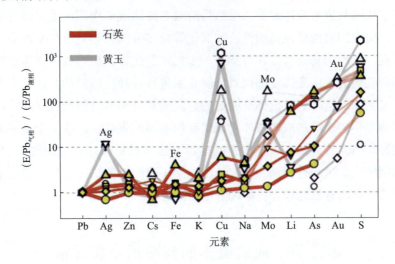

图 4-2　元素在同源气相包裹体与液相包裹体中的分配

资料来源：Seo 和 Heinrich（2013）

第三节　成矿流体运移的路径和方式

携带成矿元素的流体如何运移？如何从深部到浅部？如何从源区到成矿部位？了解成矿流体的迁移路径和运移方式，将有助于恢复成矿过程并指导深部矿产勘查。

（1）成矿流体运移的动力主要有三种：一是重力作用，如通过结晶分异、热液流体与岩浆分离作用使得质量较轻的熔体或热液向上运移；二是热传导（对流）作用，如火山成因块状硫化物（volcanogenic massive sulfide，VMS）矿床成矿系统中，通过淋滤火山地层而富含金属元素的海水在向下运移过程中，在深部岩浆热作用的影响下产生向上的对流运动，并在海底喷发形成块状硫化物矿体（Franklin et al.，2005）［图 4-3（a）、图 4-1（a）］；三是压力差异，流体从高应力场区向低应力场区转移，如在脉状矿床中常见的流体迁移过程。

（2）成矿流体运移最常见的通道为断层或断裂。离开断裂系统，成矿流体可能无法运移到合适的成矿部位，不能形成有经济价值的矿体。不同尺度的断裂系统的形成基本上都是由地震作用导致的，如美国西海岸仍伴随强烈地震活动的圣安德里斯大断裂。这些断裂为大规模热液流体的活动提供了通道，如地表出现的热泉等，新西兰等地喷至地表的热液卤水甚至含有可形成工业品位的金。然而，对于流体和断裂系统的互动作用人们的认识依然还十分有限，虽然已经提出了"压力阀"等模式（Cox，2010），成矿流体通过断裂系统（或"剪切带"）运移的精细过程仍然存在很多尚未揭开的"谜团"。

（3）成矿流体运移终结形式：成矿流体在其运移终结时可以表现为不同形式，如果通道空间充足、围岩渗透性好、流体本身动力充足，则往往形成热液角砾或者呈交错状的脉体［图 4-3（b）］，热液矿物常直接从流体中沉淀形成胶结物和脉体；当流体运移能量较弱、围岩渗透性较差的时候，成矿流体常以"循序渐进"的扩散形式交代围岩，形成弥散状的蚀变矿化［图 4-3（c）］。然而，在各类热液矿床中，热液角砾、脉体及围岩蚀变的类型多样、期次复杂（Vry et al.，2010），如何恢复它们的形成过程并运用到找矿勘查中依然困扰着矿床学家们。

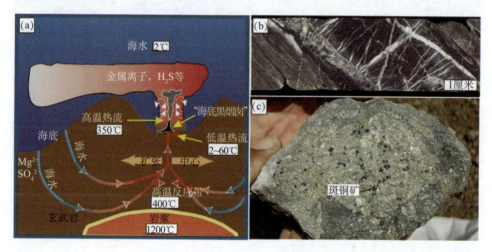

图 4-3 成矿流体运移方式及表现形式

（a）海底热液喷发形成硫化物矿床模型图［根据 Franklin 等（2005）修改；实际图影可见图 4-1（a）］；（b）网脉状矿体（含金石英脉与后期碳酸盐脉）；（c）浸染状矿体（火山岩中的斑铜矿矿化）

第四节　成矿流体如何卸载金属元素

当携带金属元素的成矿流体运移到合适部位时，通过卸载的方式沉淀金属元素或其络合物，形成具有经济价值的矿体。金属从流体中大规模沉淀需要满足天时（温压条件等）、地利（容矿空间）、人和（围岩性质等）等多种苛刻的条件，这可能也是具开采价值的金属矿床非常稀少的主要原因。引起金属元素从流体中沉淀的决定因素主要是金属络合物的稳定性。多种因素可能导致金属络合物稳定性遭到破坏，从而沉淀金属元素或者化合物。目前已发现比较常见的方式有：①温度骤降——从而降低金属络合物的溶解度；②压力骤降——易产生流体不混溶（或"沸腾"作用），从而直接破坏金属络合物的结构；③流体混合——不同性质的流体混合可能导致温度变化，增加元素种类并改变其含量，从而破坏原有络合物的稳定性。然而，对于金属沉淀机制的研究目前多局限于自然界的直接证据，如流体包裹体等（图 4-4），缺乏高模拟度的实验证明，使得这一研究领域的深度探讨缺乏理论支持。

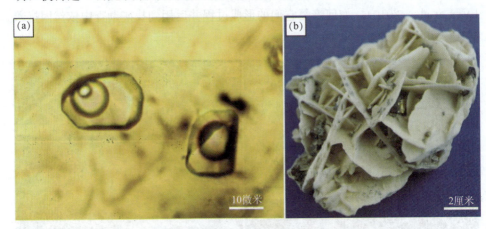

图 4-4　流体沸腾现象的识别标志（Noel White 供图）

（a）不同种类流体包裹体共存于同一视域，可作为流体沸腾识别的标志之一；（b）浅成低温金矿中出现的刀片状方解石晶簇和共生硫化物

斑岩成矿系统不同金属元素的沉淀过程能较好地诠释成矿流体卸载金属的机制：首先，斑岩体在地表以下 2~3 千米的深度侵位到围岩（火山岩地层为主）中，岩体冷凝过程中由于体积缩小，在顶部和火山围岩中形成大量裂隙，从而为之后的矿质沉淀提供了容矿空间；岩浆分异出的含矿热液在进入这些裂隙系统时温度压力骤降，使得溶解度较低的富铜、铁硫化物等首先沉淀。近年来的研究表明，斑岩铜矿成矿流体中也富含铅锌等金属元素，这些元素由于其较高的溶解度和络合物稳定性，不易与铜、铁、金等同时沉淀，而是随剩余流体通过断裂系统运移到更远的地方或者近地表部位形成具有经济价值的矿体。

然而，如果富含铅锌的成矿流体遇到碳酸盐地层等较易被交代蚀变的围岩，成矿流体会与碳酸盐发生围岩反应，从而使得铅锌浓度增加，其络合物稳定性也遭到破坏，进而集中沉淀成矿体。这也很好地解释了为何在斑岩铜矿的周边沉积岩地层中常会出现具有一定规模的铅锌矿化（图4-5）（Sillitoe，2010）。

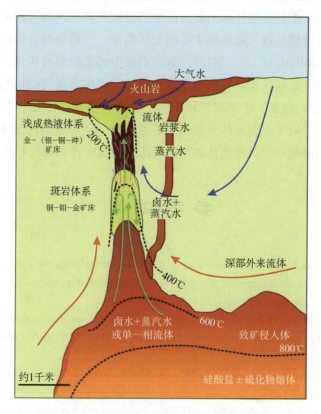

图 4-5　斑岩铜矿及相关矿床成矿模式

资料来源：根据 Sillitoe（2010）修改

第五节　不同来源流体对成矿的贡献

通过以上的分析，我们了解了热液流体在成矿元素的"源、运、储"等关键方面所起的重要作用。但不同来源的热液流体对成矿作用的贡献是不一致的，也会形成不同类型的矿床。目前已发现的成矿流体主要有以下几种类型：岩浆熔体、岩浆热液、盆地卤水、淋滤海水、变质热液等。岩浆熔体与热液关系不大，可以直接搬运和沉淀金属，形成岩浆型矿床，如岩浆型铜镍硫化物和铂族元素矿床、矿浆型的磁铁矿床等。岩浆热液流体所导致的成矿作用最为强烈，成矿类型也最为广泛，比如全球重要的铜矿类型（斑岩铜矿，图4-5）、金矿类型（浅成低温金矿），最主要的钨锡矿类型、多金属矿床类型（矽卡岩矿床）等。盆地卤水和淋滤海水则形成巨型的铅锌矿床、沉积型铀矿和块状硫化物铜矿床等。变质热液一般形成主要的金矿类型——造山型金矿以及相关的锑汞矿床等（Goldfarb et al.，2010）。虽然对于不同来源的成矿流体与成矿类型的对应关系有一定的认识，目前对于成矿流体来源的本质问题依然有很多尚未解决的"谜团"，例如：①相对"较干"的地幔是否提供了流体并直接参与了成矿作用呢？②对于混合流体来源的成矿系统，如何界定不同流体比例及其对成矿作用的贡献呢？③盆地流体如何同时形成金属矿床和油气矿藏？

参 考 文 献

Cox S F. 2010. The application of failure mode diagrams for exploring the roles of fluid pressure and stress states in controlling styles of fracture-controlled permeability enhancement in faults and shear zones. Geofluids，10：217-233.

Franklin J M，Gibson H L，Jonasson I R，et al. 2005. Volcanogenic massive sulfide deposits. Society of Economic Geologists，Economic Geology 100th Anniversary Volume：523-560.

Goldfarb R J，Bradley D，Leach D L. 2010. Secular variation in economic geology. Economic Geology，105：459-465.

Liu X C，Xiong X L，Audétat A，et al. 2014. Partitioning of copper between olivine, orthopyroxene，clinopyroxene，spinel，garnet and silicate melts at upper mantle conditions. Geochimica et Cosmochimica Acta，125：1-22.

Seo J H，Heinrich C A. 2013. Selective copper diffusion into quartz-hosted vapor inclusions：Evidence from other host minerals，driving forces，and consequences for Cu-Au ore formation. Geochimica et Cosmochimica Acta，113：60-69.

Sillitoe R H. 2010. Porphyry copper systems. Economic Geology，105：3-41.

Tattitch B C，Candela P A，Piccoli P M，et al. 2015. Copper partitioning between felsic melt and $H_2O\text{-}CO_2$ bearing saline fluids. Geochimica et Cosmochimica Acta，148：81-99.

Vry V H，Wilkinson J J，Seguel J，et al. 2010. Multistage intrusion，brecciation，and veining at El Teniente，Chile：Evolution of a nested porphyry system. Economic Geology，105：119-153.

第五章
成矿过程之谜

第一节　引　　言

成矿过程是指成矿物质迁移、聚集、沉淀的作用过程。矿床的形成是通过各种地质作用过程来实现的，它可涵盖不同时空尺度的构造-岩浆作用演化、成矿地质体的形成、矿体的形成，以及矿床形成后的保存与破坏等不同阶段的各类复杂地质过程。矿床形成过程中，有的由一个期次形成，有的经历多次不同的地质作用，多期成矿，即成矿物质由迁移到沉淀的多次过程。

决定成矿元素的迁移-聚集与矿床形成的外部因素是环境温度、压力、酸碱度、氧化还原条件等基本物理化学环境要素，而引起这些基本物理化学要素变化的外部条件就是地质作用，包括沉积、火山喷发、岩浆侵入、区域变质和大型变形等。决定成矿作用的内因是元素的地球化学行为，外因是地质作用条件。在成矿过程中形成了复杂纷繁的各种地质现象，通过对这些地质现象的探究可以破解成矿过程之谜。

第二节　成矿过程的划分

按照地质作用类型来考虑，可以将成矿过程划分为如下几类，即与风化和沉积作用有关的成矿过程、与岩浆作用有关的成矿过程、与热液作用有关的成矿过程、与变质作用有关的成矿过程等。

一、与风化和沉积作用有关的成矿过程

沉积作用形成各类沉积型矿床，涉及的矿产主要有铁、锰、铝、磷、钾盐、岩盐、煤、油页岩等矿产。

二、与岩浆作用有关的成矿过程

可分为与火山喷发和岩浆侵入作用有关的两个大类，其中与火山喷发有关的成矿过程主要分为海相火山成矿作用和陆相火山成矿作用。

与岩浆侵入作用有关的成矿过程是指岩浆结晶分异或熔离过程中直接从岩浆熔体中形成的各类矿床，包括超基性岩铬铁矿床、基性-超基性岩铜镍硫化矿床、钒钛磁铁矿床，花岗岩副矿物有关的稀土、稀有、稀散矿床等。

三、与热液作用有关的成矿过程

主要包括岩浆热液矿床。岩浆侵入相关的热液成矿作用发生在岩体侵位以后，成矿流体形成集聚沉淀成矿。这主要是与岩浆冷却过程中的物质分异作用有关。以水为主体的挥发分携带着大量的溶解盐和金属元素从岩浆体系中逸出，形成岩浆期后的热水溶液。挥发相从正在结晶中的熔浆分离，构成在高温高压体系中的气相（或水溶液相）-熔体相-晶体相分异的复杂体系。包括矽卡岩型矿床、斑岩型矿床、中高温热液钨锡矿、中低温热液金矿-铜铅锌矿。

四、与变质作用有关的成矿过程

包括"变质""变成"和变质热液成矿作用。变质矿床是指原始成矿作用已形成了矿体，经过变质作用以后，改变了矿体原有的矿物成分、空间分布特征，如海相喷流沉积变质铁矿；变成矿床是指原始成分不是矿床，经过区域变质后形成了矿床，如石墨矿、滑石矿、菱镁矿等；变质热液矿床指成矿流体主体是在变质脱水过程中产生的，成矿物质也很可能来自围岩地层，如造山型金矿就是典型的变质热液矿床。

第三节　成矿过程的控制因素

一、构造控制

不同尺度、不同类型的构造均可以与成矿作用有关，有时构造演化还会对成矿起控制作用。

成矿作用与超大陆威尔逊旋回或与大地构造多阶段演化有密切联系（Zhai and Santosh，2013）。例如，有些矿床类型通常只出现于某些构造域、某一大地构造发展阶段或地球动力学背景下；还有些矿床类型产于某一特定的大地构造环境，并和全球超大陆的聚合与地壳增生事件相对应。图 5-1 列出了分别产在克拉通内部和板块离散边缘的不同类型的矿床。例如，金刚石发育于克拉通内部地幔岩石圈；奥林匹克坝 Fe-Cu-Au-U 矿床产于克拉通边缘，与交代富集

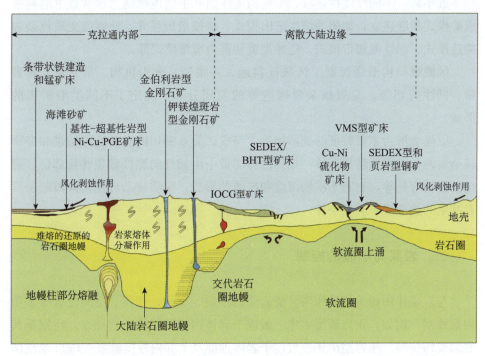

图 5-1　产在克拉通内部和板块离散边缘的不同类型的矿床

资料来源：Groves 和 Bierlein（2007）

地幔过程有关；Cu-Ni 硫化物矿床既可产于克拉通内部，也可产于克拉通边缘，但均与软流圈地幔上涌有关。图 5-2 列出了与板块俯冲作用相关的不同构造位置所对应的不同类型矿床。

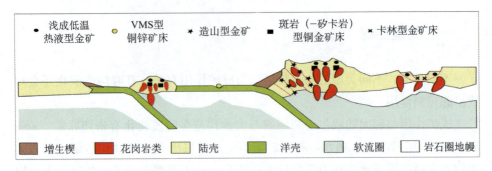

图 5-2　与板块俯冲作用相关的不同构造位置所对应的不同类型矿床

资料来源：Groves 等（1998）

近年来，不同尺度构造域、不同构造体制和不同地球动力学背景下的构造成矿模式相继建立，如俯冲增生造山模式、碰撞造山模式、伸展或变质核杂岩构造模式、韧性剪切带模式、逆冲推覆和重力滑覆模式等。

区域地质构造带控制了区域性盆地、岩浆岩、火山机构、褶皱带、断裂带、韧性剪切带、变质核杂岩构造等的空间分布，决定了不同类型矿床的形成。

以强变形为主要特征的变形构造，与成矿关系密切的有韧性剪切带和变质核杂岩两种。构造转折部位，如韧性剪切带中由韧性向脆性破裂转换部位、脆性断裂转弯处等，有利于矿物沉淀和矿体的形成；变质核杂岩及其拆离断层具有特定的热液成矿有利条件。

二、岩浆与热液的控制

与岩浆作用相关的矿床明显受岩浆的性质、成分、相带、空间位置等多重因素控制。例如，正岩浆型矿床一般位于岩体内或特殊构造岩相带，特别是其底部或倾伏端。斑岩型矿床一般位于岩体顶部及上部内外接触带<1000 米范围内。矽卡岩型矿床一般位于岩体顶部、边部、岩体内捕房体边部，外接触带500～5000 米范围内。图 5-3 显示了斑岩成矿系统中各类型矿床产出与岩浆岩体的关系及其空间位置，包括斑岩矿床，矽卡岩矿床，脉状多金属矿床，细脉

浸染状金银矿床，浅成低温低硫型金银矿床，浅成低温高硫型金、银、铜矿床。

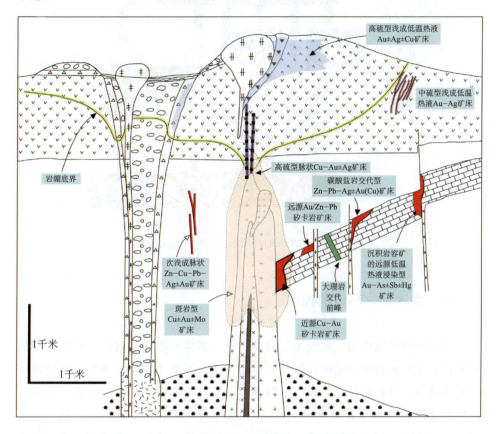

图 5-3 斑岩成矿系统中各类型矿床产出的空间位置

资料来源：Sillitoe（2010）

不同性质和成分的岩浆往往对应不同种类的矿床。例如，与基性-超基性岩有关的矿床有铬铁矿、铜镍矿、铂钯矿、钒钛磁铁矿等；与碱性岩有关的矿床有稀土矿、铌钽等稀有矿等；与中性-中酸性岩有关的矿床有铜钼铅锌矿；与酸性碱长花岗岩类有关的矿床有钨锡矿。

不同性质及来源的热液对应形成不同种类的矿床，如图 5-4 所示。有些矿床很可能还是多种热液混合或不同阶段热液叠加改造的产物。

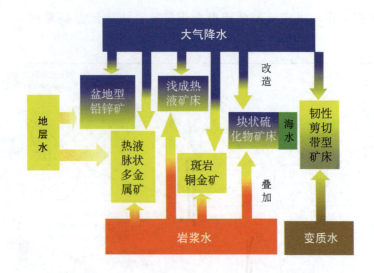

图 5-4　不同来源的热液形成不同种类的矿床

三、物理化学环境的控制

成矿过程是成矿物质从流体态向固体态（矿体）的转换过程。成矿过程的研究核心是成矿物质经流体迁移到矿体定位整个环节中发生的事情。促使成矿物质从流体态（包括气体、液体）向固体态转换的根本原因是流体在外部地质作用变化因素影响下造成体系物理化学条件（包括温度、压力、酸碱度、盐度、溶质浓度、氧化还原电位）的变化，引起流体中成矿元素达到过饱和或者熔体达到冷却时体系内相应组分转换为固体而形成矿体。

成矿物质从流体态向矿物态的矿体转化是因为物理化学条件突变而形成的，任何物质，其气、液、固物理形态的变换都有确定的物理化学数据。成矿过程中，矿物形成的年龄、温度、压力、酸碱度、氧化还原电位都可以通过矿物、包裹体、同位素等方法进行测定并计算其具体数据。

成矿物理化学环境变化对成矿的控制一直是矿床学关注的热点之一。大量研究表明，成矿元素沉淀析出，形成矿床受地质界面及物化环境突变界面联合控制，如岩性-物化环境突变界面、不整合-物化环境突变界面及构造活动低压区-物化环境突变界面等。近年来，成矿流体成分对成矿的控制也引起了关注。例如，Heinrich 等（2004）提出中酸性岩浆有关铜金成矿流体中 Fe/S 比值控制金的矿化类型，当 Fe/S 比值较大时，金在中高温阶段析出，不易形成浅成低温热液型金矿床，反之则易形成浅成低温热液金矿床；Su 等（2012）发现围岩中的铁加入，形成黄铁矿，在卡林型金矿床形成中起着关键作用。

　　研究发现，砂岩铜矿和砂岩铀矿，矿体主要形成于同一岩性层的氧化还原转换带或转换面。斑岩型铜矿矿体经常形成于酸碱转换面（带）。岩浆氧逸度对中酸性岩浆铜金（钼）成矿系统矿床的形成有着重要的作用（Sun et al.，2013）。铜（金）、钼等能否在中酸性岩浆系统中富集成矿受岩浆中硫溶解度控制，因为铜等为亲硫元素，在硫化物与硅酸盐熔体之间分配系数很大（D_{Cu}硫化物/硅酸盐熔体＝550～10 000，Jugo et al.，1999），如果岩浆演化早期硫化物结晶析出，则岩浆中铜（金）、钼等元素便会进入早期结晶硫化物相中，不利于其在岩浆演化过程中富集形成矿床。岩浆中的硫主要以氧化硫和还原硫两种形式存在，还原硫（S^{2-}）在硅酸盐熔体中溶解度低，易达饱和，形成硫化物结晶析出，不利于成矿元素在岩浆形成演化过程中富集，而氧化硫在岩浆中溶解度高，不易饱和，即使饱和也只形成石膏，富氧化硫岩浆形成演化有利于铜（金）、钼等元素富集，形成矿床。因此，铜（金）、钼成矿岩浆为高氧化岩浆，岩浆中的硫主要为氧化态的硫，这也和成矿斑岩中见石膏斑晶以及石英斑晶包裹体中见石膏子矿物一致（Liang et al.，2009）。图 5-5 显示了岩浆热液矿床形成与氧逸度的关系，高氧逸度的低分异岩浆有利于铜金矿床的形成，低氧逸度的高分异岩浆有利于钨锡矿床的形成，高氧逸度的高分异岩浆有利于钼矿床的形成。

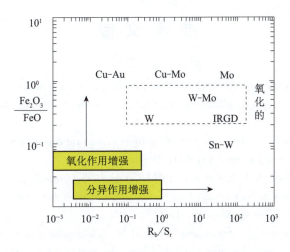

图 5-5　岩浆矿床成岩成矿与氧逸度关系图

资料来源：Blevin（2004）

岩浆中的硫为氧化硫，而斑岩铜（金）矿床以硫化物为主，硫为还原硫，那么，是什么过程使岩浆系统中的氧化硫还原为成矿系统中的还原硫呢? Liang等（2009）据斑岩铜（金）矿床钾化阶段早期结晶暗色矿物二价铁被氧化，形成磁铁矿，结合斑岩铜（金）矿床在成矿早期多发育磁铁矿，提出斑岩铜矿成岩成矿系统通过下列氧化还原反应，二价铁被氧化形成磁铁矿，氧化硫被还原，为硫化物大规模沉淀析出形成矿床提供了良好的条件。

$$12[FeO] + H_2SO_4 \rule{1cm}{0.4pt} 4Fe_3O_4 + H_2S \tag{5.1}$$

$$8KFe_3AlSi_3O_{10}(OH)_2 + 2H_2SO_4 \rule{1cm}{0.4pt} 8KAlSi_3O_8 + 8Fe_3O_4 + 8H_2O + 2H_2S \tag{5.2}$$

$$12FeCl_2 + 12H_2O + H_2SO_4 \rule{1cm}{0.4pt} 4Fe_3O_4 + 24HCl + H_2S \tag{5.3}$$

此外，高氧逸度岩浆在上升过程中同化混染含石墨变质碎屑岩也会使高氧化岩浆还原成为还原岩浆，形成还原性矿物组合，岩浆中的氧化硫被还原成为还原硫，为斑岩铜（金）矿床的形成提供充足的硫源。成岩成矿过程中的氧化还原反应使高氧化岩浆中氧化硫还原成为成矿系统中还原硫，在高氧化岩浆系统有关铜（金）、钼矿床形成过程中起着关键作用。

目前对富水高氧化岩浆形成条件及过程还存在争议，主要观点有岛弧环境俯冲洋壳脱水及碰撞造山环境地壳增厚致矿物相变脱水等，是目前斑岩铜金钼矿床未解之谜。

参 考 文 献

Blevin P L. 2004. Redox and compositional parameters for interpreting the granitoid metallogeny of eastern Australia: Implications for gold-rich ore systems. Resource Geology, 54: 241-252.

Groves D I, Bierlein F P. 2007. Geodynamic settings of mineral deposit systems. Journal of the Geological Society of London, 164 (1): 19-30.

Groves D I, Goldfarb R J, Gebre-Mariam M, et al. 1998. Orogenic gold deposits: A proposed classification in the context of their crustal distribution and relationship to other gold deposit types. Ore Geology Reviews, 13 (1): 7-27.

Heinrich C A, Driesner T, Stefansson A, et al. 2004. Magmatic vapor contraction and the transport of gold from the porphyry environment to epithermal ore deposit. Geology, 32: 761-764.

Jugo P J, Candela P A, Piccoli P M. 1999. Magmatic sulfides and Au : Cu ratios in porphyry deposits: An experimental study of copper and gold partitioning at 850℃, 100 MPa in a haplogranitic melt-pyrrhotite-intermediate solid solution-gold metal assemblage, at gas saturation. Lithos, 46 (3): 573-589.

Liang H, Sun W, Zartman R E. 2009. Porphyry copper-gold mineralization at Yulong, China, promoted by decreasing redox potential during magnetite alteration. Economic Geology, 104 (4): 587-596.

Sillitoe R H. 2010. Porphyry copper systems. Economic Geology, 105 (1): 3-41.

Su W C, Zhang H T, Hu R Z, et al. 2012. Mineralogy and geochemistry of gold-bearing arsenian pyrite from the Shuiyindong Carlin-type gold deposit, Guizhou, China: Implications for gold depositional processes. Mineralium Deposita, 47 (6): 653-662.

Sun W D, Liang H Y, Ling M X, et al. 2013. The link between reduced porphyry copper deposits and oxidized magmas. Geochimica et Cosmochimica Acta, 103: 263-275.

Zhai M G, Santosh M. 2013. Metallogeny of the North China craton: Link with secular changes in the evolving earth. Gondwana Research, 24 (1): 275-297.

第六章
成矿时控之谜

第一节 引 言

研究发现，在地球 45 亿年的演化历史过程中，一些金属矿床类型及矿种分布于特定的地质时期，并在地球演化进程中不再重复出现，我们把这种在地球一定历史时期形成的某种矿床类型（或矿种）称为成矿的时控性。例如，条带状硅铁建造型铁矿（banded iron formation，BIF）主要出现在中晚太古代-古元古代，而铅锌矿则主要形成于中元古代之后，大规模斑岩矿床主要出现在中生代-新生代等。但这种成矿作用鲜明的时代性是什么因素造成的呢？这至今还没有得到公认的科学解释，仍然是地质科学上的未解之谜。目前急需研究控制矿床生成的各种因素和条件及其相互关系，以及它们在地质时间和空间中的综合表现，即矿床形成和分布的规律。探讨成矿的时控之谜，首先必须把成矿事件与地球的演化联系起来。

第二节 全球金属成矿作用具有明显的时代特征

在地球演化过程中，金属元素的大规模成矿作用主要发生在下述四个时间段（图 6-1），即太古宙（3800～2500Ma）、古元古代（2500～1800Ma），中-晚元古代（1800～540Ma）和显生宙（540Ma 至今）。

一、太古宙

太古宙的时间区间为 3800～2500Ma。在早太古代之前，地球曾遭受多次

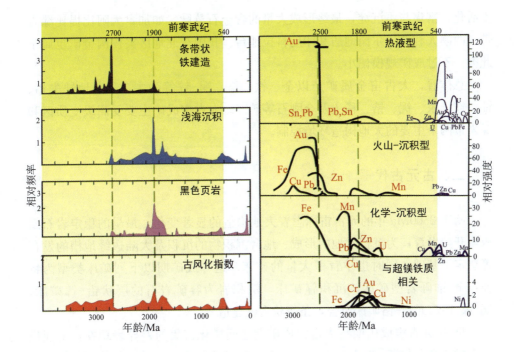

图 6-1　太古宙以来全球金属矿产的大规模发生具有显著的时控性

资料来源：依据 Veizer 等（1989）修改

重大的突变事件，其中以陨石雨对地球的撞击和薄层地壳拆沉于地幔最具特征。尽管对早太古代金属矿产成矿作用轨迹进行示踪是一件极其困难的工作，但是近年来采用一系列高新技术方法，地质学家对 3800Ma 以来地球（尤其是地壳）演化和变形历史有一概括性了解，对金属矿产的形成过程也有了较系统的认识，主要归纳如下：①在早-中太古代，强烈的火山喷溢作用可产生巨量的熔岩，这些熔岩不仅可以构成初始的洋壳，同时携带大量金属元素至古海底或地壳浅部，并在局部预富集。岩浆活动加热海水对熔岩的淋滤与萃取作用，可导致局部地区海水中金属元素含量骤增，形成含矿热流体。随着含矿流体物理-化学条件的改变，它们既可在狭长的海槽或海沟的沉积岩层内形成铁、铜锌等金属矿石，亦可通过深熔及循环在地壳深部富集成矿。②在晚太古代，持续的海底火山喷发活动导致超镁铁质火山熔岩岩层厚度骤增，当原生绿岩到达一定地壳深度时，受高温-高压变质作用，它们将会发生局部熔融，并且形成一定量的岩浆。原生绿岩中产出的金属矿产以铜、镍和金为主。需要提及的是，在早太古代原生绿岩带内，亦产出有大量的富金沉积岩，这样的含金沉积岩层是海底火山作用的产物，成岩期后的低级变质作用致使沉积岩层中的金发生活化、富集与再沉淀，最终形成大量的含金石英脉，如加拿大阿比提比绿岩带、西澳大利亚伊尔岗地盾和印度科拉地台。我国东北地区夹皮沟金矿也属于此类，不过成矿规模偏小。

总体看，太古宙金属矿产以金、铁、铬、铜-锌等为主，显著地缺失铅、铀、钍、汞、铌、锆、稀土及金刚石等矿产。太古宙成矿主要受高级变质区和绿岩带两个主要的大地构造环境控制。

二、古元古代

始于 2500Ma 年的元古宙标志着大地构造的显著变化，最早的稳定岩石圈板块开始发育，为沉积盆地的形成、地台沉积物的沉积及大陆边缘地槽的发育等奠定了基础，同时也孕育了大量的矿床。这一成矿期以下列矿床类型为特征：金-铀砾岩型矿床，沉积锰矿床，沉积岩为容矿岩石的层状铅-锌矿床，铜-镍-铂族元素-铬矿床组合，条带状含铁建造。

早-中元古宙成矿期与太古宙成矿期之间矿化富集的差异表现在：①规模巨大的苏必利尔湖（Lake Superior）型铁矿替代与火山活动有关的阿尔戈马型铁矿；②继绿岩带金矿后，出现了早元古宙金-铀砾岩型矿床；③火山成因块状硫化物矿床数量明显减少，在洋底不再出现含硫化镍的超镁铁质岩浆活动。

三、中晚元古代

中晚元古代成矿期的矿化富集具有如下特征：①首次出现大规模的沉积型铜矿床，如赞比亚和扎伊尔铜带以及美国西北部的一些沉积型铜矿床；②晚元古宙是沉积锰矿床形成的第二个重要成矿期，富锰的沉积物沉积在克拉通地块上或沿克拉通地块边缘分布，最重要的矿床包括印度中部和纳米比亚的锰矿床；③锡矿化开始广泛发育，在晚元古代岩石中锡矿化主要与非造山碱性和过碱性花岗岩和伟晶岩有关，这类锡矿床主要分布在非洲，呈三个南北向的锡矿化带展布，另一个锡矿带分布在巴西西部的罗德尼亚地区。

四、显生宙

由于板块的碰撞造就了显生宙宏伟的造山带，大规模的洋壳再循环形成了长的火山链和大陆边缘弧、后弧盆地、裂谷盆地，以及其他的地质构造，显著地增加了成矿环境的多样性和变化性。一些成矿环境仍然保存了与太古宙火山岩型块状硫化物矿床和元古宙沉积型矿床类似的特点，硅酸盐岩浆的地球化学演化以及地壳内部矿化富集体的再循环可以解释显生宙成矿期内钼、锡、钨等矿床的重要发育（如我国的秦岭造山带和华南褶皱带）。塞浦路斯型含铜黄铁矿矿床和砂岩型铀矿床在显生宙成矿期内首次出现；豆荚状铬铁矿床最早出现于太古宙，但在元古宙缺失，而在显生宙则发育更广泛；在显生宙形成的火山岩型块状硫化矿床中铅显著富集；斑岩型铜钼矿床大量发育且集中分布，形成许多超大型矿床。大量的能源矿产，包括油、气、煤等，主要形成在显生宙。

第三节 中国主要金属矿产的成矿时代

一、中国成矿时控性概况

中国矿床的形成时代比较齐全，从太古宙到新生代都有重要矿床形成，但各个时代的成矿强度很不均一。翟裕生等（1999，2010，图6-2）统计中国大型和超大型矿床的形成时代后认为：形成于前寒武纪的占20.5%，古生代的26个，占35.5%，中新生代的占44%。与全球相比，中国前寒武纪的大型、超大型矿床偏少，而古生代主要是晚古生代的矿床比例偏多，中新生代矿床所占比例与全球的大体相当。中国的前寒武纪陆块面积较小（与北美、南美、非洲和澳大利亚地块比较），因而其中产出的大型、超大型矿床相对较少。中国大陆中-新生代构造域占较大面积，滨太平洋构造域及地中海-特提斯也较发育，因而中-新生代矿床占较大比重。中国的古生代地层，尤其是晚古生代地层（泥盆纪-二叠纪），在华南、西北、华北等区均很发育，海西期成矿作用在相应地区发育，因而在这个时期形成的大型和超大型矿床的比例多于全球平均。中国中新生代因受古太平洋板块和印度洋板块的俯冲-碰撞作用的影响，发育了广泛的岩浆活动，形成了丰富的与岩浆活动有关的金属矿产。

二、华北克拉通前寒武纪成矿特征

华北大规模成矿与华北克拉通前寒武纪重大地质事件和全球地质事件有密切的关系（图6-3）。研究表明（翟明国，2010）华北克拉通前寒武纪经历了晚太古代地壳巨量增生、25亿年块体拼合、古元古代大氧化事件、中-晚元古代

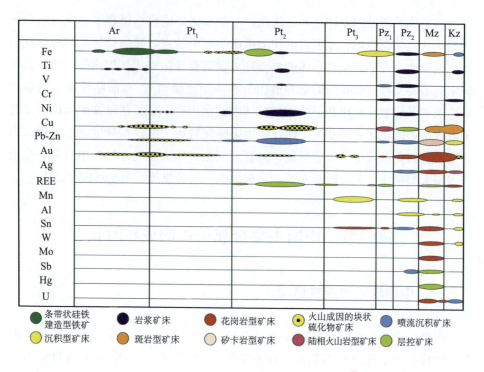

图 6-2 中国主要金属矿产的成矿时代

资料来源：翟裕生（2010）

多期裂解和拼合作用，与全球地质构造演化趋势基本一致（图 6-3）。由此形成了华北克拉通内丰富的矿产资源，其中铁矿、稀土元素、铅、锌、菱镁矿等储量巨大、潜力可观。研究发现，这些重要的成矿事件与地壳的演化和增生的关系密切，与重大的构造事件对应（沈宝丰等，2006；翟明国，2010）。

进一步研究发现，华北重大成矿作用的主要特点是：①矿产类型随地质时代变化有明显的变化；②随时代变新，矿产种类越加丰富；③古元古宙的矿产早期以活动带为主，中期变为陆内裂谷为主；④矿床与围岩的变质程度随时代变新而变浅，早期矿床多发生强烈的变质与变形；⑤前寒武纪矿产多与火山岩、沉积岩共生，与 TTG 片麻岩和花岗岩的关系相对较弱。总的来说，太古宙以条带状硅铁建造为主，成矿时代从 3300Ma 到 2500Ma，以 3000～2500Ma 为主。虽然它们多产出在高级区域绿岩带中，但都与变质火山岩关系密切。块状硫化物矿床只出现在新太古代晚期的绿岩带中，而太古宙绿岩带有关的金矿在华北克拉通不甚发育。古元古代的成矿作用与活动带的演化有关，矿产类型丰富多彩，有古火山型、斑岩型铜矿、层状铅锌矿床和硼、铁（镁）矿床等。

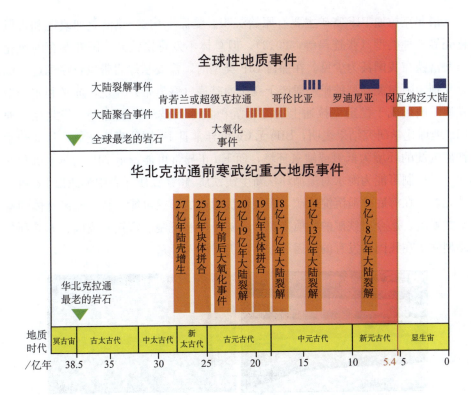

图 6-3　全球地质事件与华北克拉通前寒武纪重大地质事件

资料来源：据翟明国（2010）

古元古代末-中元古代的成矿作用主要受裂陷槽-裂谷的演化控制，其中有与陆内（缘）裂谷有关的沉积喷流型铅-锌-铜矿床、与非造山岩浆作用有关的钒-钛-铁-磷矿床、与陆缘-浅海沉积有关的沉积型铁矿及白云鄂博式稀土-铌-铁矿床。此外，华北前寒武纪还有较丰富的硼矿、磷矿、石墨矿等（翟明国，2010）。

（一）太古代演化与 BIF 成矿

这个时期的重要成矿作用是全球条带状铁建造矿床（图 6-4）。BIF 是典型的无碎屑状岩屑化学沉积物，它是前寒武纪地球环境演化的重要地质载体，保存了前寒武纪海洋元素丰度，可使我们深入了解早期微生物生命及它们对地球早期演化的影响（赵振华，2010）。BIF 在华北克拉通的分布具有一定的规律性。大规模 BIF 主要发育在绿岩带分布区的鞍山-本溪、冀东、霍邱-舞阳、五台、鲁西和固阳等地。华北克拉通时代最古老的 BIF 形成于古太古代，最年轻的 BIF 形成于古元古代早期（张连昌等，2012）。

华北克拉通 BIF 富矿主要有原始沉积、受后期构造-热液叠加改造和古风化壳等三种类型（张连昌等，2013），但总体不发育富铁矿，国外发育的风化壳型富铁在我国甚为少见。在探讨 BIF 类型时，需要从绿岩带发育序列进行综合判别。阿尔戈马型铁矿一般产于克拉通基底（绿岩带）环境，苏必利尔湖型铁矿一般形成于稳定克拉通上的海相沉积盆地或被动大陆边缘。华北克拉通 BIF 地球化学研究结果表明，BIF 无 Ce 负异常且 Fe 同位素为正值，从而暗示铁矿沉淀的环境为低氧或缺氧环境，而 Eu 正异常可能指示 BIF 为热水沉积成因，其机制可能为海水对流循环从新生镁铁质-超镁铁质洋壳中淋滤出 Fe 和 Si 等元素，在海底排泄沉淀成矿，而条带状构造的形成可能归咎于成矿流体的脉动式喷溢。迄今对铁矿的物质来源、成矿条件和机制、富铁矿成因、苏必利尔湖型铁矿在我国不发育的原因等方面，仍需深入研究。

图 6-4　鞍山矿区不同铁矿类型及矿物共生组合特征

（a）由磁铁矿和石英组成的条带相互排列，构成条带状铁建造（局部见绿泥石英片岩夹层，钻孔岩芯））；（b）由磁铁矿和石英组成的条带相互排列，构成条带状铁建造（手标本）；（c）显微照片显示 BIF 由纯净的石英和磁铁矿组成（10 倍放大）；（d）显微照片显示 BIF 主要由石英和磁铁矿及少量角闪石组成（10 倍放大）

资料来源：张连昌等（2012）

（二）古元古代石墨矿与磷矿形成及其时控性

国内外大量的碳同位素研究证实，大型石墨矿床属有机成因，含矿建造具有强烈的生物作用参与。由于地球历史在 2300Ma 后才有大量生物出现，故石墨矿只能赋存在 2300Ma 后的地层中（陈衍景等，1991）。优质石墨矿床的形成要求是含矿建造经历中高级变质作用，故大型石墨矿应在中深变质的2300Ma后的沉积建造中寻找。

全球范围缺乏 2300Ma 以前的沉积磷矿，但 2300～1850Ma 沉积磷矿大量形成，构成了全球性的第一次磷矿期。我国海州群、宿松群、红安群等以富产磷矿而著名（叶连俊，1989），如我国著名的海州磷矿床，产于古元古代晚期沉积变质岩系中，位于江苏连云港锦屏山。大地构造位置处于中朝地块东部台隆南缘。区域地层主要为海州群及其下伏胸山变质岩系。含磷岩组为海州群锦屏组。世界上其他地区如斯堪的纳维亚半岛也有丰富的磷矿，大都是在2300～1850Ma 沉积形成。

（三）古元古代碳酸盐岩建造与菱镁矿床

太古宙地层中没有碳酸盐岩，自古元古代却有大量的碳酸盐地层发育，如澳大利亚哈默斯利盆地；俄罗斯白海群；我国太华群、霍邱群、胶东群、莲平群、集宁群、集安群、麻山群、宽甸群、空岭群等上部均为孔达岩系；时代更晚或近乎同时的嵩山群、滹沱群、粉子山群、辽河群、海州群、宿松群等碳酸盐岩则更为普遍。在这个时期还出现较多的富镁质碳酸盐岩建造，例如，早元古代早期辽东裂谷盆地沉积的辽河群沉积岩中富集了一些碳酸盐矿物如菱镁矿、白云石、高镁方解石等，这些物质为后期镁质矿物的进一步富集提供了物质条件。菱镁矿矿床的厚度和规模与富镁质碳酸盐岩的发育程度有关，产出有大量菱镁矿，按成因我国菱镁矿矿床主要分为沉积变质型、热液变质型，以及二者成矿作用叠加型；按产出地质条件和形成方式又可分为镁质碳酸盐岩层中的晶质菱镁矿矿床和超基性岩中的隐晶质菱镁矿矿床两种类型，并以前者为主。其中我国的菱镁矿的总储量约占世界总量的 1/4。目前，已累计探明储量31 亿吨、保有储量 30 亿吨，均居世界第一位。

（四）中晚元古代稀土矿时控规律

这个时期国内外的大型稀土矿床多以稀土铁建造为主，如裴愉卓等（1981）根据我国 BIF 常常富稀土的特点提出了稀土铁建造，其稀土含量可达 $(0.1-n)\%$ 或更高，这些稀土铁建造可划分为三种类型：①以碳酸盐岩为围岩，如白云鄂博、云南逸纳厂、福建松政，它们的典型成矿元素组合为 Fe-REE-Nb，逸纳厂还富 Cu，松政富 P；②产于变质和混合岩化钠质火山岩和火山沉积岩，如辽宁生铁岭；③产于未变质碎屑岩中，如吉林临江式铁矿，主要为鲕状赤铁矿、菱铁矿及菱锰矿。我国和国外太古宙 BIF 的稀土含量一般仅为 9.9～78 ppm，但元古宙铁建造稀土含量增加，使稀土铁建造主要集中在元古宙。我国以白云鄂博 Fe-REE-Nb 矿床为代表，国外以澳大利亚奥林匹克坝的 Cu-Au-U-REE-Fe 矿床为代表。太古宙铁建造贫稀土与元古宙富稀土形成鲜明对照。由于前寒武纪条带状铁建造是典型的无碎屑状岩屑化学沉积物，它的稀土元素组成反映了当时海水的地球化学，进而推测大气圈氧化状态（Ce、Eu 异常），所以大体认为沉积稀土矿最早出现的时间是 2300Ma。

三、古生代成矿事件

古生代成矿事件可以中亚造山带为代表进行剖析。中亚造山带是地球上最大的造山带之一，北、南分别与西伯利亚克拉通、塔里木-华北克拉通相接，西端延伸到俄罗斯的乌拉尔山，向东至西太平洋海岸，呈向南突出的巨大弧形带。古生代西伯利亚洋闭合过程中大陆边缘增生显著、构造和岩浆活动强烈、矿产资源丰富，形成著名的中亚成矿域。在这一时期的地壳演化过程中，经历了板块俯冲、碰撞造山，以及大规模走滑剪切和后造山演化阶段，在每个构造演化阶段都伴随有地壳增生和大量金属元素的堆积。洪大卫等（2003）在总结 Sr、Nd、S、Pb 多元同位素资料后认为，中亚造山带的铜、金多金属矿床与区域花岗岩在形成时代和物质来源上基本吻合，具有一定的继承性。从古生代直至中生代，地幔来源物质参与了成岩成矿作用，即便是钨、锡、稀有金属矿床，也受到地幔来源物质同化混染，揭示了地幔来源物质参与多金属成矿作用。按照地壳增生和成矿作用关系，以我国东天山地区成矿作用为例，其在晚古生代主要有如下几种矿床类型：①晚泥盆世-早石炭世增生期间形成的 Cu-Mo-Au-Ag 矿床；②早石炭世增生期间形成的 Fe-Cu-Pb-Zn 矿床；③晚石炭世-早二叠世碰撞后形成的造山型 Cu-Ni 硫化物矿床和造山型 Au-Cu 矿床等。上述矿床在形成过程中既有地壳的水平增生，也有地壳的垂向增生作用，成为我国重要的内生金属矿床富集区。

四、中生代大规模成矿事件

中国东部中生代成矿大爆发是该地区在特定地质背景下发生岩石圈大减薄和构造格局大转折相结合，从而导致大规模壳幔相互作用和构造圈热侵蚀事件的产物。中生代构造转折不具典型造山作用特征，可能与周围块体夹持引发的区域性大规模地幔隆起有关。以胶东大规模金矿成矿为例，其动力学过程受华北东部中生代构造转折体制制约，由于地幔上涌、地幔和下地壳置换引发的岩浆流体成矿作用，金矿的成矿作用不同于经典的造山带成矿作用。

（一）华北克拉通破坏与大规模金属成矿

华北东部中生代构造体制发生了以挤压为主到以伸展为主的转变，形成北北东向的盆岭格局，岩石圈快速减薄，岩浆作用活跃，引发了爆发式成矿。确定中生代构造体制转折的时限是理解构造转折机制的核心问题之一。与华北岩石圈构造演化与岩浆活动相耦合，中生代两大成矿系统是：早-中侏罗世造山后成矿体系，花岗质岩浆沿克拉通边缘侵入，火山岩较少，地壳较厚，埃达克质岩较发育，以沿克拉通边缘发育的钼矿化为主；白垩纪遍及全区的火山-侵入活动，华北东部出现了地质流体的强烈发育和集中排放，与此有关的金属矿床主要有以下两个矿床类型：①与中-酸性岩浆活动有关的斑岩型钼矿床和浅成热液矿床，包括金、银、铅、锌矿床等，成矿主要时代在 $134\sim148\mathrm{Ma}$；②与基底重熔和深成侵位花岗质岩体有关的爆发式大规模金成矿作用，遍布在华北东部的克拉通边缘及克拉通内部，主期在 $120\mathrm{Ma}\pm10\mathrm{Ma}$。据陈毓川等（1998）对全国岩金矿床资料的统计，666 个矿床中形成于中生代的有 518 个，占矿床数的 78%，占金矿总储量的 75%，这些金矿床基本上都产在中国东部。例如，胶东金矿集区的东界与华北克拉通的东界吻合，金矿以华北克拉通变质岩及其有关的侵入岩为控矿围岩。主成矿期成矿时代为 $120\mathrm{Ma}\pm10\mathrm{Ma}$，约在不到 10Ma 的短时限内，成矿物质具有多源性，既来自控矿围岩——花岗片麻岩和变质岩，又来自幔源的岩浆岩，特别是与中基性脉岩、偏碱的钙碱性花岗岩的侵入关系密切。此外，除胶东金矿集区之外，华北克拉通的边缘和内部普遍含有金矿，而且金矿的物质来源、成矿方式、矿产类型、成矿围岩和成矿年龄都是一致的。这种大规模、短时限、高强度的成矿，被中国地质学家所重视并称为中生代成矿大爆发或金属异常巨量堆积，从而提出了受到中生代构造岩浆热事件与克拉通基底双重控制的陆内非造山带型金成矿作用（翟明国，2010）。

（二）长江中下游区域成矿的地质背景和构造演化

翟裕生等（1992，2010）长期开展长江中下游区域成矿的地质背景和构造演化研究，提出燕山期本区为大陆板块内部的断块与裂陷交织的构造-岩浆-成矿带。他们认为，燕山早期，以北西西-东西向为主的岩石圈断裂，控制了铜、钼、（金）矿带的分布；燕山晚期，以北北东-北东向为主的岩石圈断裂，主要控制了铁及铁-铜矿带的分布。矿带内各矿田的位置，受基底构造和盖层构造的联合控制。根据环形构造、线性构造与侵入岩体的关系，通过对中生代侵入岩的岩石化学和含矿性进行系统研究，划分了三个成岩成矿亚系列。在综合研究区域构造、沉积、岩浆、成矿等作用演化的基础上，认为本区存在两个成矿系列，即沉积成矿系列（古生代为主）和岩浆成矿系列（燕山期为主），后者是本区主要的金属成矿系列。两个系列的叠加复合是本区区域成矿的一个特色，是造成本区矿床多样性和复合性的重要原因。

（三）秦岭-大别-苏鲁造山带的钼矿大规模成矿作用

从全球范围来讲，太平洋东海岸钼矿资源丰富，美国西北广泛发育斑岩钼矿和斑岩铜钼矿床。智利的埃尔特尼恩特、丘基卡马塔和 Río Blanco-Los Bronces 是世界上最大的三个斑岩铜金矿床，伴生钼，储量达到 550 多万吨，占智利的钼储量 85％以上（Cooke et al.，2005）。加拿大的不列颠哥伦比亚省有很丰富的钼矿床，占加拿大钼资源的 80％左右。上述矿床多数是钼作为伴生矿产赋存于斑岩型铜（金）矿床之中，这些矿床的形成与太平洋板块俯冲有关。

钼矿在中国的分布具有明显的不均一性，主要分布在秦岭-大别造山带、华北克拉通东北部。近年来在我国的秦岭-大别造山带，特别是在北淮阳构造带，传统上认为不利的成矿区带，相继发现了汤家坪、沙坪沟等几个世界级的斑岩型钼矿，引起了国内外矿床界的强烈关注。秦岭-大别造山带是区分中国南北地块的主造山带，秦岭钼矿带现在是世界著名斑岩钼矿带，东段以金堆城和黄龙铺、西段以上房沟和雷门沟钼矿区为主要区域，目前控制储量已经达到 500 万吨以上，约占全国总储量的 50％。安徽省金寨县沙坪沟钼矿床位于秦岭-大别东部北淮阳东段（安徽省境内），矿体东西长 700 米、南北宽 600 米，钻孔控制矿体厚度达 500 米，钼平均含量约 0.17％，已控制钼金属量超过 250 万吨，估计资源量超过 300 兆吨，成为秦岭成矿带东段最大规模超大型斑岩钼矿床。

沙坪沟钼矿是我国新发现的超大型斑岩钼矿床，成矿类型比较单一，不与铜-金等共生，位于秦岭-大别造山带东段、桐柏-磨子潭深大断裂与商麻断裂交汇部位的北东侧、北淮阳东段。秦岭钼矿带的成矿期次多，构造活动剧烈，岩浆来源较为复杂，金堆成和黄龙铺钼矿床与铼伴生，板厂钼矿与铜-金等伴生，大湖钼矿床与金矿伴生，而秦岭东段的上房沟、山道口和南泥湖矿床则属于和沙坪沟钼矿相同类型的斑岩钼矿，与钨矿伴生。相对于秦岭钼矿带的详细研究，目前对该斑岩钼矿床研究工作还很薄弱，对区内成岩成矿演化、成矿岩浆特征、形成时代及形成动力学背景等研究不够深入，因此我们结合国内外钼矿特点，深度探讨沙坪沟钼矿的岩石成因及动力学背景。

因此，与板块俯冲有关的钼矿可以与铜、金等元素共生，形成铜钼矿床或铜金钼矿床。而单一型的钼矿床则比铜矿的氧逸度低，铼的含量偏低（低于20ppm），一般由幔源岩浆诱发的部分熔融，而不是由自身的部分熔融引起的矿物富集。

五、新生代板块俯冲与大规模成矿事件

大洋板片俯冲产生的岛弧和陆缘弧环境下可以产生大规模的斑岩型成矿事件。陆缘弧环境的经典成矿省包括安第斯中部（如阿根廷 Bajo de la Alumbera、Marte 等矿床）、美国西部（如 Bingham、DosPobers 矿床）和巴布亚新几内亚-伊利安爪哇（如 Grasberg、Oki Tedi、Freida River 矿床等）；岛弧环境的斑岩型矿床则环绕西太平洋广泛分布，如印尼的 Batu Hijau 和菲律宾的 Lepanto-FSE 等。从全球范围看，斑岩型矿床多形成于第三纪（64％），成矿年龄介于1.2～38Ma，含矿斑岩多属钙碱性（岛弧）和高钾钙碱性（陆缘弧），矿带规模巨大，单个矿床的铜储量多在 1000 万吨以上，品位变化于 0.46％～1.3％，金储量在 300 吨以上（300～2500 吨），品位介于 0.32～1.42 克/吨（Kerrich et al.，2000）。由此说明岛弧和陆缘弧环境具有产出斑岩型铜金矿床的巨大成矿潜力。当然不是所有的岛弧和陆缘弧环境都产出斑岩型矿床。若有 VMS 矿床产出的岛弧环境，通常不发育斑岩型矿床。例如，日本第三纪岛弧，发育黑矿型（kuroko-type）块状硫化物矿床。Uyeda 和 Kanamori（1979）对此解释为：以发育弧间裂谷为标志的张性弧，产出 VMS 矿床；以发育中酸性火山岩浆岩套为特征的压性弧，产出斑岩型矿床。前人研究斑岩型铜矿成矿的制约因素发现，斑岩型铜金矿成矿和岩浆的氧逸度密切相关。但氧逸度如何影响岩浆演化及成矿过程，尚需开展深入探索。

近年来发现大陆碰撞造山带也是斑岩型矿床产出的重要环境，藏东玉龙和冈底斯斑岩铜矿带是其典型代表。这两大成矿带均产于印度亚洲大陆碰撞形成的喜马拉雅-西藏造山带，但形成于碰撞造山的不同阶段和不同环境。藏东玉龙斑岩铜矿带长约 300 千米，宽 15～30 千米，铜储量在 1000 万吨以上，其中

玉龙铜矿铜储量在 628 万吨，伴生金约 100 吨，具有世界级规模。成矿带分布
于碰撞造山带东缘的构造转换带，成矿系统发育于大陆强烈碰撞后的应力释放
期或压扭向张扭转换期（图 6-5a）。冈底斯斑岩铜矿带，东西延伸约 350 千米，
南北宽约 80 千米，铜资源量在 1000 万吨以上，具有世界级矿带的潜力远景。
该成矿带发育于碰撞后地壳伸展环境（图 6-5b）（侯增谦，2004）。

　　总之，斑岩型矿床既可以产出于岛弧或陆缘弧环境，也可以形成于碰撞造
山环境。

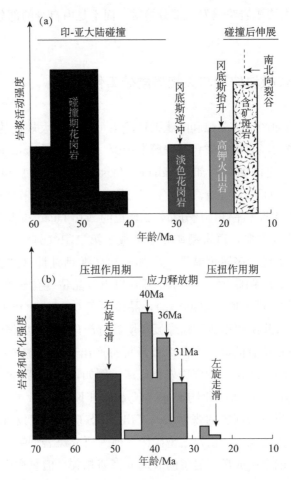

图 6-5　青藏高原碰撞造山带构造岩浆事件与斑岩成矿作用的关系

　　（a）冈底斯带岩浆事件年代架及其与斑岩铜矿关系；（b）高原东缘构造岩浆事件的年代格架
及其与玉龙斑岩铜矿带的关系

　　资料来源：侯增谦（2004）

参 考 文 献

陈衍景，季海章，富士谷，等．1991. 2300Ma 灾变事件的揭示对传统地质理论的挑战——关于某些重大地质问题的新认识．地球科学进展，6（2）：673-680.

陈毓川，裴荣富，宋天瑞，等．1998. 中国矿床成矿系列初论．北京：地质出版社．

洪大卫，王式光，谢锡林，等．2003. 试析地幔来源物质成矿域——以中亚造山带为例．矿床地质，22（1）：41-55.

侯增谦．2004. 斑岩 Cu-Mo-Au 矿床：新认识与新进展．地学前缘，11（1）：131-144.

华仁民，毛景文．1999. 试论中国东部中生代成矿大爆发．矿床地质，18（4）：300-308.

毛景文，谢桂青，张作衡，等．2005. 中国北方中生代大规模成矿作用的期次及其地球动力学背景．岩石学报，21（1）：169-188.

聂凤军，江思宏．2000. 地球演化过程中金属矿产的形成．中国地质，28：24-31.

裘愉卓，王中刚，赵振华．1981. 试论稀土铁建造．地球化学，8（3）：185-200.

沈保丰，翟安民，陈文明，等．2006. 中国前寒武纪成矿作用．北京：地质出版社．

叶连俊．1989. 中国磷块岩．北京：科学出版社．

翟明国．2010. 华北克拉通的形成演化与成矿作用．矿床地质，29：24-36.

翟裕生等．2010. 成矿系统论．北京：地质出版社．

翟裕生，邓军，李晓波．1999. 区域成矿学．北京：地质出版社．

翟裕生，姚书振，林新多，等．1992. 长江中下游地区铁、铜等成矿规律研究．矿床地质，11（1）：1-12.

张连昌，代堰锫，王长乐，等．2013. 华北克拉通太古代地壳增生与 BIF 铁矿．矿物学报，（增刊）：419-420.

张连昌，翟明国，万渝生，等．2012. 华北克拉通前寒武纪 BIF 铁矿研究：进展与问题．岩石学报，28（11）：3431-3445.

赵振华．2010. 条带状铁建造（BIF）与地球大氧化事件．地学前缘，17（2）：1-12.

Cooke D R, Hollings P, Walshe J L. 2005. Giant porphyry deposits: Characferistics, distribution, and tectonic controls, Economic Geology, 100（5）：801-818.

Kerrich R, Goldfarb R, Groves D, et al. 2000. The characteristics, origins, and geodymic seteings of supergiant gold metallogenic provinces. Science in China Series D: Earth Sciences, 43（1）：1-68.

Ling M X, Wang F Y, Ding X, et al. 2009. Cretaceous ridge subduction along the Lower Yangtze River Belt, eastern China. Economic Geology, 104：303-321.

Sato M A. 2009. Less nickel for more oxygen. Nature, 458：714-715.

Sun W D, Ding X, Hu Y H, et al. 2007. The golden transformation of the Cretaceous plate subduction in the west Pacific. Earth and Planetary Science Letters, 262：533-542.

Tu G Z, Zhao Z H, Qiu Y Z. 1985. Evolution of Precambrian REE mineralization. Precambrian Research, 27：131-151.

Uyeda T，Kanamori H. 1979. Backarc Opening and the mode of Subduction. Journal of Geophysical Research，84：1049-1060.

Veizer J，Laznicka P，Jansen S L. 1989. Mineralization through geologic time：Recycling perspective. American Journal of Science，289：484-524.

Zhai M G，Santosh M. 2013. Metallogeny of the North China craton：Link with secular changes in the evolving earth. Gondwana Research，24：275-297.

第七章
矿床学前沿科学问题研究方向与对策

矿床学是一门集矿物、岩石、沉积、构造、地球化学等多学科的综合性地质科学。矿床学科的发展对基础地质科学理论和矿产资源勘查具有十分重要的意义。矿床的形成离不开成矿物质来源、成矿流体的搬运、特殊的成矿过程，以及特定的时间节点。这些方面的科学问题构成了当前矿床学理论研究的前沿，同时也为未来矿床学研究指明了方向。

第一节 成矿物质来源方面

矿床是成矿物质异常富集的产物，因此，成矿物质来源是矿床学的核心问题。到目前为止，矿床学家已经对大多数矿床的基本物质来源有了较为统一的认识，如相容元素主要来自幔源，不相容元素主要来自壳源，少量矿床与陨石撞击有关等。但是仍然有部分矿床，特别是一些超大型矿床，如我国白云鄂博稀土矿、南非威特沃特斯兰德金矿、澳大利亚奥林匹克坝铀-铜-金矿等，其成矿物质的来源目前仍存在较大的争议。此外，很多相同的地质过程往往只在很小的范围内形成超大型矿床，是各种有利条件的巧合还是地质演化的必然结果？地球的原始不均匀性是否对超大型矿床起着关键的作用？如果是，这些不均匀性是如何在岩浆海等超级全球均一化过程中被保存下来的？这些都是矿床学要解决的关键科学问题。

第二节 成矿流体方面

对成矿流体综合信息的准确把握和深入认识，将帮助我们查明矿床成因机制、建立合理的成矿模式，从而对找矿勘查进行更加准确的预测。显然，对于成矿流体的研究依然是当前矿床学研究的核心内容，众多关于成矿流体来源、运移、卸载成矿的谜团仍然等待着我们去揭示。具体科学问题有以下几个方面：①成矿时涉及的流体可能有多种来源，如何准确判断流体的源区以及不同来源流体的混合比例及各自的作用依然是难题；②超临界流体是一种可压缩的高密度流体，具有高溶解性、高扩散系数和有效控制反应活性与选择性的特质，但由于模拟条件等因素的限制，超临界条件下的化学反应对于成矿元素的迁移和机理富集尚不清晰；③流体参与下的热液矿床的形成是一个复杂的热动力学过程，如何利用计算机模拟来探讨成矿热液系统中流体的自然性状、运移方式及机制、金属组分的输运与沉积等成矿流体动力学机制，是当今成矿流体研究的重点发展方向之一。

第三节　成矿过程方面

　　成矿过程的实质就是成矿物质在熔体或流体作用下从地球不同圈层物质（主要为地壳-地幔）中由分散状态通过迁移富集在地壳浅部定位形成工业矿体的全过程。因此，我们需要研究成矿物质已经聚集形成矿体所在位置及其周边范围所经历的地质作用过程。对成矿过程可划分为成矿前、成矿期、成矿后三个阶段来加以区别研究。具体的前沿科学问题体现在以下两个方面。

　　（1）查明成矿过程发生的时间范围和空间位置。其主要手段包括野外地质穿插关系判别、矿物生成顺序确定，以及同位素精确定年等。例如，根据常见矿床研究中的地质事实，显示矿物生成顺序的现象主要有不同矿物组合呈显著脉状穿插，以及镜下显示矿物相互交代、溶蚀、包裹等现象，据此能确定矿物生成顺序。除时间维外，确定成矿作用影响的空间维也很必要。成矿作用影响的范围主要体现为矿体、矿物、元素的空间分布。例如，以矿体为中心，向外为近矿围岩蚀变矿物分布、远矿围岩蚀变矿物分布。成矿元素分布范围更加宽广，除了主成矿元素以外，其他由于成矿作用形成的伴生元素或微量元素，由矿体向外形成近程、远程元素组合分带。

　　（2）查明构造与流体作用对成矿过程的控制。构造和流体是成矿作用中一对基本控制因素，其相互作用过程实质上是成矿物质活化、迁移、聚集定位，即矿床的形成过程，具体体现为：构造是驱动和控制成矿流体运移和循环的主要因素，而流体通过水-岩反应等反过来又影响构造作用的物理和化学效应，诱发新的流变或变形和新的矿化构造的产生，流体活动在成矿作用过程中实际上是和构造变形、岩石流变相辅相存、密不可分的。因此，加强不同构造体制或不同地球动力学背景下构造-流体-成矿或构造-流变-成矿及其动力学的研究，尤其是大型、超大型矿床形成过程流体的特殊作用的研究，无疑具有重大的理论与实际意义。

第四节　成矿时控方面

通过我国前寒武纪大规模成矿事件与世界对比可知，我们的优势矿种主要集中在镁、磷、石墨、稀土及铁资源，而像超大型的兰德式金铀矿床十分贫乏，VMS 型铅锌矿床也很少。虽然我国的前寒武纪 BIF 铁矿不少，但是大型的富矿却又很少，也缺乏像澳大利亚西部、巴西等地的大型苏必利尔湖型 BIF 铁矿，这固然与古老克拉通陆块的性质和演化密切相关，但是，就成矿的本身来看，这仍然是一个谜团。

以我国为例，中国东部经历过漫长而又复杂的地质演化过程，这一地区的成矿作用也遍及各个地质时期。但是大量事实证明，中国东部最重要的成矿时期是在中生代尤其是燕山期。以金矿为例，中国东部最重要的金矿类型如破碎蚀变岩型、石英脉型、变质热液型、火山-次火山热液型及微细浸染型等，主要形成于中生代。中国东部的燕山期成矿大爆发是一个长久争论的问题，传统的学派认为是陆内构造岩浆活化再造到成矿的问题。但是，近年来太平洋板块俯冲的理论（包括洋脊俯冲）提出，区别于传统的陆内成矿学说，在一定程度上拓宽了区域成矿视野，但是，铁铜金的大规模爆发成矿之间的因果关系，还得有更多的坚实证据的支持，从而揭示该区域铁铜金的巨量堆积。

中国东部中生代大规模成矿作用的不均一性还表现为成矿金属元素的分区分带。例如，胶东地区以金的大规模富集为特征，而其他元素的成矿作用相对较少。长江中下游和赣东北都有铜、金的大规模富集，但前者明显富铁，后者相对富银和铅锌，而银铅锌更有意义的成矿是在更偏东南方的赣中-浙东一带。南岭地区是钨、锡和其他稀有金属富集成矿区，而在西南地区则有大规模的低温热液成矿域。这些成矿元素、矿种分布的不均一性究竟是物质来源造成的，还是受控于成矿时间等其他因素？这些都是值得深入探索的自然之谜。

第八章
元古宙成矿暴贫暴富

第一节 引 言

所谓成矿作用，就是在地球内部能量或外部能量（太阳能主导）驱动下，成矿物质异常聚集于地球浅表某些位置的过程。地球演化具有一定程度的周期性、方向性（或不可逆性）、区域差异性，成矿作用也具有时控性、不可逆性和区域不均匀性，一些矿床在某一时间或空间超常富集或贫乏，此即暴富或暴贫现象。例如，一半以上的石油产在中东地区，南非黄金约占世界 40%，内蒙古白云鄂博矿床占世界稀土资源的 30% 以上，即为空间上的暴富现象；相反，很多造山带富含重要斑岩型铜金矿床，但大别造山带迄今未见斑岩铜金矿床，则属暴贫现象。在时间上，兰德式砾岩型金铀矿床仅出现于 2300Ma 以前，苏必利尔湖型铁建造仅限于古元古代早期。显然，研究和掌握这种时间和空间上的成矿暴贫暴富规律，可以提高成矿预测和找矿勘查的效率，科学认识地球演化的周期性、方向性、区域差异性，反演地球演化过程及地球内部和外部能量的变化。

地球科学领域的很多重大创新或突破来源于成矿暴贫暴富现象的研究。例如，基于加拿大萨德伯里（1800Ma）超大型镍矿床研究，科学家例证了陨石撞击成矿作用。通过研究澳大利亚卡尔古利（Kalgoorlie）、加拿大蒂明斯（Timmins）和印度戈拉尔（Kolār）等世界著名金矿省，发现金矿的形成与大陆增生过程一致（2500Ma～2700Ma），确定了太古宙末期发生凯诺兰大陆（Kenorland）超大陆会聚（Goldfarb et al.，2001）。研究南非威特沃特斯兰德砾岩型金铀矿床，发现了磨圆的黄铁矿和晶质铀矿碎屑，确定 2340Ma 前地球表层系统属于还原性质（Frakes，1979）；结合 2300Ma 之后超大型菱镁矿、硼矿、石墨矿和 BIF 型铁矿爆发式形成，以及沉积物稀土配分形式的变化，我国学者提出地球表层环境在 2300Ma 左右突然还原性转变为氧化性，即大氧化事件（Great Oxidation Event，GOE）。通过研究元古宙与显生宙之交的磷矿床及其含矿地层（如昆阳磷矿）中的古生物化石，科学家发现了埃迪卡拉生物群、澄江动物群及寒武纪生命大爆发事件（Shu et al.，2001）。可见，成矿暴贫暴富现象蕴含着许多重大科学问题，孕育着研究创新。

第二节　元古宙成矿暴贫暴富现象

长达 45.6 亿年的地球演化史被划分为冥古宙（4560～4000Ma）、太古宙（3800～2500Ma）、元古宙（2500～540Ma）和显生宙（540Ma 至今）。冥古宙以太阳系星云物质的吸积、撞击为特征，地质记录较少，迄今没有发现确切的沉积岩和生命活动记录。太古宙地表地质作用的记录快速增长，大量发育了指示陆壳生长的表壳岩，出现了较多化学化石（chemofossil）和光合作用记录（Gradstein et al.，2004）。元古宙持续时间长达 2000Ma，至少包括凯诺兰大陆、哥伦比亚和罗迪尼亚（Rodinia）超大陆裂解，以及哥伦比亚和罗迪尼亚超大陆会聚事件，发生了多种类型的岩浆作用；各类沉积地层大量发育，包括了正常沉积碎屑岩、冰碛岩、红层，以及碳酸盐、硫酸盐、磷酸盐、硼酸盐、BIF 等化学沉积物；叠层石等单细胞微生物化石大量发育，元古宙末期还出现无壳多细胞生物化石。

在冥古宙和太古宙总计长达＞2000Ma 的地球历史时期，成矿类型非常简单，主要有造山型金矿，其次为阿尔戈马（Algoma）型 BIF 铁矿和 VMS 型铜矿，少数科马提岩容矿的铜镍硫化物-铂族元素矿床以及兰德式金铀矿床（图 8-1）。然而，元古宙一开始，即古元古代，不同种类的矿床爆发式形成，矿床规模巨大；在中元古代及其以后，很多矿床类型不再出现，或者规模明显变小。以上事实表明，元古宙成矿暴贫暴富现象尤其突出，值得深入研究，下面举例说明。

BIF 是占统治地位的铁矿资源（Huston and Logan，2004），主要形成在新太古代和古元古代。BIF 通常被分为阿尔戈马和苏必利尔湖两种类型（Gross，1980）。阿尔戈马型 BIF 以加拿大海伦铁矿为代表，铁矿物主要是磁铁矿，产于火山-沉积建造中，储量规模较小，可形成于不同地质时期，但以太古宙最盛。苏必利尔湖型 BIF 的铁矿物主要是赤铁矿，产于稳定陆缘碎屑岩-碳酸盐岩建造中，形成于 2500（或 2600）～2000Ma，以北美五大湖巨型铁矿省最具

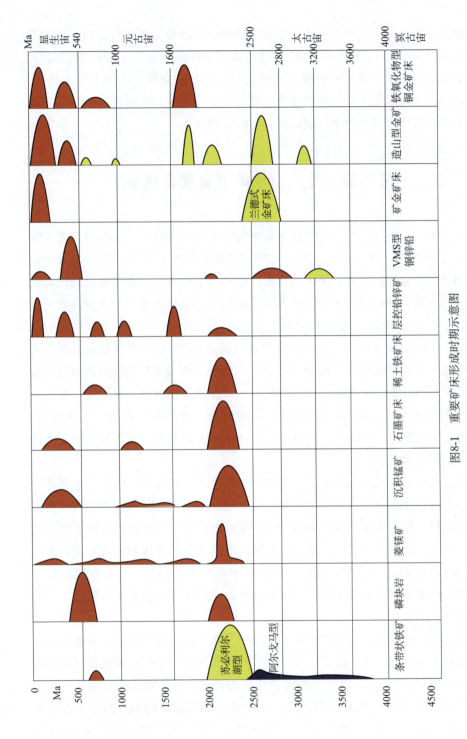

图8-1 重要矿床形成时期示意图

资料来源：作者据资料绘制

注：黄色表示中国此类矿床贫乏

代表性，澳大利亚哈默斯利盆地、巴西卡拉加斯、乌克兰克里沃罗格、俄罗斯库尔斯克、南非比利陀利亚、印度南部等也都是巨型苏必尔湖型 BIF 发育区和著名超大型铁矿产地（陈衍景，1990）。

太古宙绿岩带曾被称为"金源岩"。加拿大阿伯蒂比（Abitibi）、澳大利亚卡尔古利、南非巴伯顿（Barberton）、印度戈拉尔等绿岩带都蕴含多个黄金储量＞100 吨的脉状矿床，被称为绿岩带型或造山型金矿（Groves et al.，1998；Singh and Venkatesh，2014），是威特沃特斯兰德金矿之外最重要的金矿类型。据统计（Goldfarb et al.，2001），该类金矿集中形成在 3100Ma±50Ma、2700～2500Ma、2150～1950Ma、1850～1750Ma 和 850Ma 以后，几乎没有此类矿床形成于＞3150Ma、3050～2700Ma、2500～2150Ma 和 1750～750Ma 四个时期。

南非威特沃特斯兰德金矿是世界最大的金矿床，已产黄金占人类史上所产黄金的 40％以上，仍保有 5.4 万吨金资源（约 10 倍于我国探明黄金储量），被称为兰德式金矿或砾岩型金矿。该矿床产于 2700～2340Ma 的威特沃特斯兰德超群砾岩中，砾石来自盆地周围的巴伯顿花岗岩-绿岩带及其中的脉状金矿床，砾岩含磨圆的晶质铀矿和黄铁矿碎屑，形成于缺氧环境。加拿大、巴西、印度等地也发现了兰德式金矿床，但规模明显较小（Mossman and Harron，1983）。

铅锌矿床有热水沉积（sedimentary exhalation）、低温热液（Mississippi valley type，MVT）、变质热液（造山型）或岩浆热液等多种类型。然而，在 2500Ma 之前的太古宙和冥古宙，却没有形成一个重要铅锌矿，即使太古宙岩石也很少蕴含重要铅锌矿；相反，太古宙以后的地层，特别是元古宙碳酸盐-碎屑岩建造，却赋存了众多超大型铅锌矿床。例如，朝鲜检德矿床铅锌储量达 7000 万吨，世界最大，其含矿地层与我国古元古代辽河群相连，我国辽河群中则有青城子、关门山等重要铅锌矿床；中新元古代地层也盛产超大型铅锌矿床，如澳大利亚的布罗肯希尔（Broken Hill）（Raveggi et al.，2014）、Batten Trough 和 Ldichharkt River 等著名铅锌矿带，瑞典 Bergsia-gen 铅锌铜矿床，南非 Ni-maqua 铅锌铜矿带，加拿大沙利文（Sullivan）铅锌矿带，我国狼山-渣尔泰铅锌铜多金属矿带（翟明国，2010；翟裕生，2010；Zhai and Santosh，2011，2013；Zhong et al.，2015）和栾川铅锌矿田（陈衍景等，2009）。其中，沙利文矿床探明矿石量 160 兆吨，品位为 6.5％铅、5.6％锌和 67 克/吨银（Jiang et al.，2000），相当于铅锌金属储量 1936 万吨，银＞1 万吨。

铜矿床的主要成矿类型是斑岩型、VMS 型、砂岩型和矽卡岩型。已知太古宙不存在斑岩型、矽卡岩型和砂岩型铜矿床，仅有 VMS 型铜矿床，发现于西澳中太古代的皮尔巴拉（Pilbara）地块，新太古代的澳大利亚西部 Yilgarn 绿岩带、加拿大基韦廷（Keewatin）绿岩带和阿伯蒂比绿岩带（Hollis et al.，2014）和辽宁清源绿岩带（红透山铜矿，Gu et al.，2007）。基韦廷绿岩带的诺兰达（Noranda）铜矿带是世界著名的铜锌产地，赋矿绿岩带形成于太古宙与元古宙之交，该区 VMS 型矿床既有新太古代的，也有古元古代初期的（图8-1）。在太古宙以后，各类铜矿床涌现。例如，我国山西中条山产有铜矿峪超大型斑岩铜矿和一批热液铜矿床，河南熊耳山显示了铜钼矿床勘查潜力（Deng et al.，2013）；云南东川地区有著名的东川式铜矿带，矿床特征与赞比亚等国家的中非砂岩型铜矿带类似。除前述诺兰达成矿带之外，世界其他地区的古元古代火山-沉积建造中发现大量 VMS 型矿床，以欧洲波罗的地盾为代表，锌储量达 2000 万吨，铜储量达 300 万吨，伴生金银铅。然而，令人费解的是，在1800～1000Ma 没有形成任何重要的 VMS 型矿床。

铁氧化物铜金矿床（iron oxide copper-gold，IOCG）常与非造山或伸展环境的岩浆活动关系密切，围岩地层常含蒸发盐类或高盐度卤水。这类矿床以奥林匹克坝 Cu-U-Au-REE 特大型矿床为典型代表，主要形成于元古宙和显生宙，尚无太古宙形成此类矿床的报道。奥林匹克坝矿床产于澳大利亚南部高勒（Gawler）克拉通，探明矿石量 6 亿吨，平均含铜 1.8%、氧化铀 500 克/吨、金 0.5 克/吨、银 3.6 克/吨，成矿与 1590Ma 的火山作用有关，岩浆热液及研究驱动的大气降水热液循环导致 Cu、U、Au、S 等元素的多次迁移富集成矿（Pirajno，2009）。我国白云鄂博稀土铌铁矿（16.28 亿吨 Fe、660 万吨 Nb_2O_5、4350 万吨 REO、22 万吨 ThO_2）（程建忠等，2007）则与中元古代的火成碳酸岩浆活动关系密切，赋存于古元古代地层内。

基性-超基性岩浆岩是世界最重要的镍、铬、铂族元素的来源，常以铜镍硫化物矿床或铬铁矿的形式产出。在世界所有超大型铜镍硫化物矿床中，俄罗斯诺瑞斯克矿床形成于二叠纪，澳大利亚坎博尔达（Kambalda）矿床产于太古宙科马提岩，其余矿床均产于元古宙，如加拿大萨德伯里、美国斯蒂尔沃特（Stillwater）、南非布什维尔德（Bushveld）（2060Ma）和我国金川矿床（涂光炽，2000）。

上述成矿作用的区域性和时控性鲜明，显现了暴贫暴富的特点；古元古代成矿大爆发，成矿类型和强度截然变化，与 2300Ma GOE 的关系值得重视。

第三节　23 亿年大氧化事件和成矿大爆发

1980 年之前，科学家普遍认为地球表层系统，特别是水-气系统（水圈＋大气圈）的氧化过程是缓慢的、渐变的，至少始于 3800Ma，主要发生在 2600～1900Ma（Cloud，1968；Frakes，1979；Schidlowski et al.，1975）。1980 年之后，受白垩纪末期恐龙灭绝事件和天体化学研究（欧阳自远，1988）的影响，学者们开始认识到这次水-气系统充氧事件及相关变化的短时性、剧烈性和系统性（表 8-1）（Chen，1988），各大陆出现红层、蒸发岩（石膏、硼酸盐等）、磷块岩、冰碛岩（陈衍景，1990，1996；Tang and Chen，2013；Young，2013），大量发育苏必利尔湖型 BIF（Huston and Logan，2004）、含叠层石的厚层碳酸盐和菱镁矿（Melezhik et al.，1999；Tang et al.，2013），有机碳大量堆埋并形成石墨矿床（陈衍景等，2000），沉积物出现 Eu 亏损（Chen and Zhao，1997；Tang et al.，2013）并形成稀土铁建造（Tu et al.，1985），碳酸盐碳同位素普遍正向漂移（Tang et al.，2013）以及 S、N、Mo 等同位素显著分馏（Schidlowski，1988；Holland，2002；Anbar et al.，2007）。据估算，在 2400～2200Ma，大气自由氧含量从 $<10^{-13}$ PAL 增至 0.15PAL（Karhu and Holland，1996），足见充氧量之大、速度之快。因此，Holland（2002）使用大氧化事件的概念强调这次事件的重要性，即 2300Ma 左右大气成分由缺氧变为富氧。可见，GOE 是最近 30 年地球科学研究的重大进展，也是未来研究的重要方向（Anbar et al.，2007；Tang and Chen，2013；Zhai and Santosh，2011，2013），也被称为 Jatulian 事件（Melezhik et al.，1999）、Lomagundi 事件（Tang et al.，2011）或 LJ 事件（Gradstein et al.，2004）。

GOE 导致地球表层系统的全面变革，表现为多个次级事件（表 8-1），它们按照自然规律依序发生。但是，关于这些次级事件的发生顺序和时间研究薄弱，直接制约着事件本质和起因的认识。Melezhik 等（1999）首先提出了GOE 次级事件序列关系（图 8-2），将休伦冰期置于 GOE 之前，将 BIF 爆发置于冰碛岩之后。然而，Tang 和 Chen（2013）通过详细对比世界各大陆 GOE前后的典型地层剖面，发现冰碛岩之上发育红层和蒸发岩，冰碛岩之下缺乏红层；冰碛岩之上的碳酸盐地层具有 δ^{13}C 正异常；冰碛岩之下大量发育苏必利尔湖型 BIF，冰碛岩之上 BIF 反而较少；冰碛岩之下火山岩较少，之上大量发育火山岩。据此提出 GOE 的关键性次级事件序列为：苏必利尔湖型 BIF →休伦冰碛岩→红层/蒸发岩→$\delta^{13}C_{carb}$正异常（图 8-3）。

表 8-1 大氧化事件和成矿大爆发现象

	2300Ma 之前	2300～2060Ma
阿尔戈马型 BIF	大量、较重要	不发育
苏必利尔湖型 BIF	大量、重要	大量、重要
沉积锰矿	无	爆发
石灰岩、白云岩	薄层透镜体	爆发、厚层，成矿
菱镁矿、菱铁矿	不发育	爆发，成矿
磷块岩	无	爆发，成矿
蒸发岩：石膏、硼酸盐	无	爆发，成矿
含石墨地层	不发育	爆发，成矿
稀土铁建造	无	可见，成矿
层控铅锌矿	无	重要
砂岩型铜矿	无	重要
砂岩型铀矿	无	重要
富铝变质沉积物	不发育	爆发，成矿
IOCG 型矿床	无	重要
VMS 型矿床	铜金为主	铜锌为主
铁帽、风化壳矿床	无	常见
风化淋积型铀矿	无	发育
兰德式金铀矿床	常见，巨大	无
磨圆黄铁矿/晶质铀矿	可见	无
风化壳 Fe_2O_3/FeO 比值	向上降低	向上增高
陆相红层	无	爆发
生命证据：化石	零星	大量叠层石
冰碛岩	缺乏	全球各大陆
火山活动	强烈	微弱
科马提岩	常见	无
沉积物有机碳含量	平均 0.7%	平均 1.6%
沉积物 REE 型式	正铈异常，ΣREE 低	负铈异常，ΣREE 高
沉积物 U、Th、Th/U	低	高
沉积物 La/Sc、Th/Sc	较低	较高
碳酸盐 $\delta^{13}C$	无异常	正异常
碳酸盐 $^{87}Sr/^{86}Sr$	低	高
水气系统氧逸度	低	高
推测水圈成分	SCN^-、CN^-、HS^-、S^{2-}、Eu^{2+}、Fe^{2+}、Mn^{2+}	SO_4^{2-}、CO_3^{2-}、NO_3^-、PO_4^{3-}、Eu^{3+}、Fe^{3+}、Mn^{4+}
推测大气成分	NH_3、CH_4、PH_3、H_2S、CO	NO_2、P_2O_5、CO_2、SO_3、SO_2

资料来源：据陈衍景（1990，1996）、Tang 等（2013）及其引文修改。

全球冰川事件是大气中 CH_4、CO_2等温室气体含量降低、O_2等冷室气体含

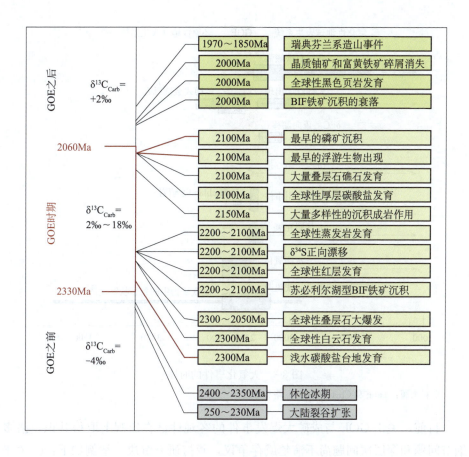

图 8-2　GOE 次级事件序列

资料来源：Melezhik 等（1999），略有修改

量增高的直接结果，被共识为 GOE 的最有力证据（Young，2013；Rasmussen et al.，2013）；如果 GOE 具有全球性，冰川事件也应具有全球性。世界各地记录本次冰川事件的冰碛岩年龄共同跨越的时限应为冰川事件的发生时间，即 2290～2250Ma。

据冰碛岩发育层位和时间，最新提出了 GOE 事件氧化过程的两阶段模式，即先水圈氧化、后大气圈充氧（图 8-3）。在 2500Ma 生物光合作用开始增强，在 2500～2300Ma（成铁纪）水圈逐步氧化，全球性苏必利尔湖型 BIF 发育。2300Ma 之后，即水圈氧化之后，大气圈快速充氧，CH_4 和 CO_2 转变成有机质堆埋并减少，全球气候变冷；同时，水圈氧化后，抑制生物发育的 SCN^-、CN^- 离子也不能存在，为生物大爆发提供了条件，因此，含叠层石碳酸盐在各大陆大量发育（图 8-3）。

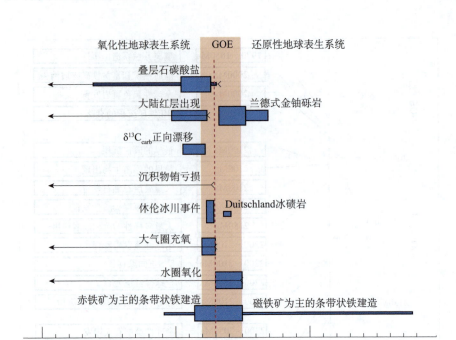

图 8-3 大氧化事件的时序

资料来源：Tang 和 Chen（2013），略有修改

目前，关于 GOE 与成矿大爆发事件的客观性已在宏观上取得共识，诸多细节问题和深层次问题尚不清楚或存争议，亟待研究解决。举例如下：①关于 GOE 起因，有超级地幔柱活动或超级大陆裂解与陨石撞击等认识；②根据不同方法或现象得出的结果之间存在差别，特别是同位素方法（C、S、N、Mo、Cr、Fe 等）指示的结果内部和外部均相差甚远（如 Anbar et al.，2007），需要研究检查这些方法的说服力或公信力，研发新的有效示踪方法；③不同现象出现的顺序、条件及其内在联系或因果关系；④是生命爆发导致 GOE，还是 GOE 导致生命爆发，例如，Konhauser 等（2009）提出镍含量减少抑制了甲烷细菌活动，使蓝绿藻类光合作用所产生的氧气不受破坏，迅速积累；⑤成矿大爆发与 GOE 之间的内在联系，特别是元素在 GOE 期间及其前后的地球化学行为、源运储条件的变化；⑥后期构造热事件中 GOE 现象的变化程度，受变质地层的地质地球化学特征对 GOE 的记忆能力。

第四节　我国元古宙成矿暴贫暴富现象

我国前寒武纪岩石发育，可见于各重要构造单元；早前寒武纪（＞1900 Ma）岩石出露较为局限，主要分布于华北克拉通边缘、塔里木克拉通边缘、杨子克拉通边缘，以及显生宙造山带内的前寒武纪地体。这些前寒武纪地质体规模较小、分散出露、特征不同、地质经历各异、变质变形较强，显示了与世界其他著名克拉通的差异性，增加了研究揭示元古宙成矿暴贫暴富规律的难度。相对而言，华北克拉通面积最大、演化历史最长（至少可追溯到3800Ma）、地质记录最完整，包括陆壳巨量生长、构造体制转变、环境突变等重大地质事件，矿产资源最为丰富（图8-4）。因此，下面以华北克拉通为例，简单列举我国元古宙成矿暴贫暴富现象，并侧重介绍与世界其他地区的差异。

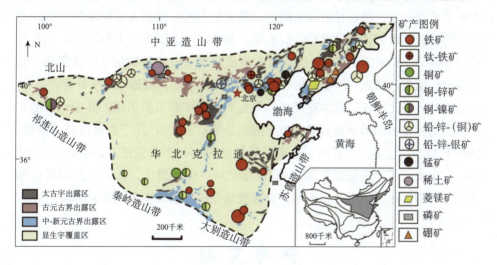

图 8-4　华北克拉通及其重要矿产

资料来源：Zhai 和 Santosh（2013）

（1）世界级超大型铁矿床几乎无例外地来自苏必利尔湖型 BIF。然而，华北克拉通早前寒武纪 BIF 型铁矿床，尽管部分（如霍邱、铁山庙、虎盘岭、晋北等）被视为苏必利尔湖型（陈衍景，1990），但多数学者认为它们属于阿尔戈马型，造成了我国阿尔戈马型 BIF 暴富、苏必利尔湖型 BIF 暴贫的现象。

（2）铜镍硫化物矿床是最主要的镍资源、重要的铜资源和铂族元素来源。

在世界范围内，古元古代和中元古代是最重要的铜镍硫化物矿床成矿期，以萨德伯里、布什维尔德、斯蒂尔沃特等为代表。华北克拉通在古元古代和中元古代发生多次裂解，基性-超基性岩浆活动强烈，但迄今尚未发现相关的重要铜镍硫化物矿床，堪称暴贫。伴随罗迪尼亚超大陆裂解，基性-超基性岩浆活动在扬子克拉通和塔里木克拉通较为强烈，在华北克拉通较弱，但扬子和塔里木克拉通迄今未发现该时期的重要铜镍矿床，而华北克拉通南缘却有820Ma的金川超大型铜镍硫化物-铂族元素矿床，这种岩浆活动与成矿作用不一致的现象极具挑战性。

（3）造山型金矿形成于板块会聚造山作用（大洋俯冲和大陆碰撞），但世界范围内缺乏罗迪尼亚超大陆会聚过程形成的造山型金矿床，是为不解之谜。我国更甚，华北克拉通、扬子克拉通和塔里木克拉通虽然都曾经历了前寒武纪的超大陆会聚事件，但迄今尚未发现重要的前寒武纪造山型金矿床。

（4）IOCG型矿床原本以铜-金成矿为特征，在世界前寒武纪克拉通中有不少重要发现。在我国，目前尚未确定前寒武纪IOCG型铜或金矿床的实例，而白云鄂博被学者们认为是IOCG型矿床，其成矿元素是Fe、REE、Nb、Th和F，Cu和Au矿化反而较弱，没有回收价值。这一差异与华北克拉通富稀土而贫铜的区域成矿特点一致，有可能反映了尚未揭示的区域地球化学异常。

此外，华北克拉通富含菱镁矿、滑石矿、硼矿和石墨矿床。其中，石墨矿床成为国际市场的最重要石墨来源（陈衍景等，2000）；辽宁翁泉沟超大型硼-铁矿B_2O_3储量达2180万吨，占全国总储量的45.5%，铁矿石储量达2.83亿吨；辽宁大石桥地区菱镁矿储量达30多亿吨，世界最大。世界范围罕见前寒武纪斑岩型矿床，但中条山地区却奇迹般地保留了铜矿峪超大型铜矿床。

参 考 文 献

陈衍景.1990.23亿年地质环境突变的证据及若干问题讨论.地层学杂志，14（3）：178-186.

陈衍景.1996.沉积物微量元素示踪地壳成分和环境及其演化的最新进展.地质地球化学，(3)：1-125.

陈衍景，刘丛强，陈华勇，等.2000.中国北方石墨矿床及赋矿孔达岩系碳同位素特征及有关问题讨论.岩石学报，16：233-244.

陈衍景，翟明国，蒋少涌.2009.华北大陆边缘造山过程与成矿研究的重要进展和问题.岩石学报，25（11）：2695-2726.

程建中，侯运炳，车丽萍. 2007. 白云鄂博矿床稀土资源的合理开发及综合利用. 稀土，28
(1)：70-74.

欧阳自远. 1988. 天体化学. 北京：科学出版社.

涂光炽. 2000. 中国超大型矿床. 北京：科学出版社.

翟明国. 2010. 华北克拉通的形成演化与成矿作用. 矿床地质，29：24-36

翟裕生. 2010. 成矿系统论. 北京：地质出版社.

Anbar A D，Duan Y，Lyons T W，et al. 2007. A whiff of oxygen before the Great Oxidation
Event? Science，317：1903-1906.

Chen Y J. 1988. Catastrophe of the geological environment at 2300Ma. Abstracts of the Sympo-
sium on Geochemistry and Mineralization of Proterozoic Mobile Belts，September 6-10，
1988，Tianjin，China，p. 11.

Chen Y J，Zhao Y C. 1997. Geochemical characteristics and evolution of REE in the Early Pre-
cambrian sediments：Evidences from the southern margin of the North China
craton. Episodes，20：109-116.

Cloud P E. 1968. Atmospheric and hydrospheric evolution on the primitive earth. Science，160：
729-736.

Deng X H，Chen Y J，Santosh M，et al. 2013. Metallogeny during continental outgrowth in
the Columbia supercontinent：Isotopic characterization of the Zhaiwa Mo-Cu system in the
North China craton. Ore Geology Reviews，51：43-56.

Frakes L A. 1979. Climates Throughout Geologic Time. Amsterdam：Elsevier.

Goldfarb R J，Groves D I，Gardoll S. 2001. Orogenic gold and geologic time：A global synthe-
sis. Ore Geology Reviews，18：1-75.

Gradstein F M，Ogg J G，Smith A G，et al. 2004. A new Geologic Time Scale，with special
reference to Precambrian and Neogene. Episodes，27（2）：83-100.

Gross G A. 1980. A classification of iron formations based on depositional environments. The
Canadian Mineralogist，18（2）：215-222.

Groves D I，Goldfarb R J，Gebre-Mariam M，et al. 1998. Orogenic gold deposits：A pro-
posed classification in the context of their crustal distribution and relationship to other gold
deposit types. Ore Geology Reviews，13：7-27.

Gu L X，Zheng Y C，Tang X Q，et al. 2007. Copper，gold and silver enrichment in ore mylo-
nites within massive sulphide orebodies at Hongtoushan，NE China. Ore Geology Reviews，
30：1-29.

Holland H D. 2002. Volcanic gases，black smokers，and the great oxidation event. Geochimica
et Cosmochimica Acta，66：3811-3826.

Hollis S P，Yeats C J，Wyche S，et al. 2014. A review of volcanic-hosted massive sulfide
（VHMS）mineralization in the Archean Yilgarn craton，Western Australia：Tectonic，
stratigraphic and geochemical associations. Precambrian Research，doi：10. 1016/
j. precamres. 2014. 11. 002.

Huston D L，Logan G A. 2004. Barite，BIFs and bugs：Evidence for the evolution of the
earth's early atmosphere. Earth and Planetary Science Letters，220：41-55.

Jiang S Y, Slack J F, Palmer M R. 2000. Sm-Nd dating of the giant Sullivan Pb-Zn-Ag deposit, British Columbia. Geology, 28 (8): 751-754.

Karhu J A, Holland H D. 1996. Carbon isotopes and the rise of atmospheric oxygen. Geology, 24: 867-870.

Konhauser K O, Pecoits E, Lalonde SV, et al. 2009. Oceanic nickel depletion and a methanogen famine before the Great Oxidation Event. Nature, 458: 750-753.

Melezhik V A, Fallick A E, Medvedev P V, et al. 1999. Extreme $^{13}C_{carb}$ enrichment in ca. 2.0 Ga magnesite-stromatolite-dolomite- "red beds" association in a global context: A case for the worldwide signal enhanced by a local environment. Earth-Science Reviews, 48: 71-120.

Mossman D J, Harron G A. 1983. Origin and distribution of gold in the Huronian Supergroup, Canada: The case for Witwatersrand type paleoplacers. Precambrian Research, 20: 543-583.

Pirajno F. 2009. Hydrothermal Processes and Mineral System. Berlin: Springer.

Rasmussen B, Bekker A, Fletcher I R. 2013. Correlation of Paleoproterozoic glaciations based on U-Pb zircon ages for tuff beds in the Transvaal and Huronian Supergroups. Earth and Planetary Science Letters, 382: 173-180.

Raveggi M, Giles D, Foden J, et al. 2014. Lead and Nd isotopic evidence for a crustal Pb source of the giant Broken Hill Pb-Zn-Ag deposit, New South Wales, Australia. Ore Geology Reviews, doi: 10.1016/j.oregeorev.2014.09.012.

Schidlowski M. 1988. A 3800-million-year isotopic record of life from carbon in sedimentary rocks. Nature, 333: 313-318.

Schidlowski M, Eichmann R, Junge C E. 1975. Precambrian sedimentary carbonates: Carbon and oxygen isotope geochemistry and implications for the terrestrial oxygen budget. Precambrian Research, 2: 1-69.

Shu D, Conway-Morris S, Han J, et al. 2001. Primitive deuterostomes from the Chengjiang Lagerstatte (Lower Cambrian, China). Nature, 414: 419-424.

Singh S, Venkatesh A S. 2014. Anautochthonus model for the orogenic gold metallogeny of Sonakhan greenstone belt, Central Indian craton, Central India. Ore Geology Reviews, submission (ORGEO-D-14-00 391).

Tang H S, Chen Y J. 2013. Global glaciations and atmospheric change at ca. 2.3 Ga. Geoscience Frontiers, 4: 583-596.

Tang H S, Chen Y J, Wu G, et al. 2011. Paleoproterozoic positive $\delta^{13}C_{carb}$ excursion in the northeastern Sinokorean craton: Evidence of the Lomagundi Event. Gondwana Research, 19: 471-481.

Tang H S, Chen Y J, Santosh M, et al. 2013. C-O isotope geochemistry of the Dashiqiao magnesite belt, North China craton: Implications for the Great Oxidation Event and ore genesis. Geological Journal, 48: 467-483.

Tu G C, Zhao Z H, Qiu Y Z. 1985. Evolution of Precambrian REE mineralization. Precambrian Research, 27: 131-151.

Young G M. 2013. Precambrian supercontinents, glaciations, atmospheric oxygenation, metazoan evolution and an impact that may have changed the second half of earth history. Geoscience Frontiers, 4: 247-261.

Zhai M G, Santosh M. 2011. The early Precambrian odyssey of the North China craton: A synoptic overview. Gondwana Research, 20: 6-25.

Zhai M G, Santosh M. 2013. Metallogeny in the North China craton: Secular changes in the evolving earth. Gondwana Research, 24: 275-297.

Zhong R C, Li W B, Chen Y J, et al. 2015. Significant Zn-Pb-Cu remobilization of a syngeneticstratabound deposit during regional metamorphism: A case study in the giant Dongshengmiao deposit, northern China. Ore Geology Reviews, 64: 89-102.

第九章
陆壳再造与成矿大爆发

第一节 引 言

陆壳再造，是指大陆地壳在数亿年间不断发生结构重建和成分重组的地质过程，它是大陆地质演化中一个十分重要的地质现象。在陆壳再造过程中往往伴随以花岗岩类为代表的大规模岩浆活动，并发生多种金属元素的巨量聚集与成矿，因而被一些科学家形象地称为"成矿大爆发"。因此，有关陆壳再造及其巨量金属堆积成矿的机理研究是国内外地学界关注的一个基础性前沿领域，既有重要的科学意义，又有巨大的社会经济价值。

陆壳再造与成矿大爆发在我国经济发达的华南地区最具代表性，研究也较为深入。该区成矿条件独特、成矿潜力巨大，有我国最重要的多个大型成矿区带，如南岭成矿带、武夷成矿带、钦杭成矿带，形成了全球罕见的巨量稀有（W、Sn、Mo、Bi、Be、Nb、Ta 等）和有色（Cu、Pb、Zn 等）金属矿床，广泛发育多时代、成因复杂的花岗岩，是世界著名的大花岗岩省之一。因而也是研究陆壳再造、认识大陆形成演化和金属矿床形成规律的一个最佳天然实验室。

第二节 陆壳再造与华南大花岗岩省

地球的表层由大陆和大洋两部分组成。20 世纪地球科学中最伟大的成就——板块构造理论成功解释了大洋岩石圈的结构、演化和动力学过程。然而，最古老的大洋地壳年龄仅约 2 亿年，而大陆地壳则记录了几十亿年的地质演化历史。人类赖以生存的绝大部分矿产资源也产于大陆地壳。因此，研究大陆形成和演化过程是地质学发展的必然趋势。探索大陆内部非威尔逊板块构造旋回的地质作用特征和矿床成因机制，已成为当代地质学家和矿床学家面临的巨大挑战和机遇。

花岗岩是行星分异高级阶段的产物。在太阳系行星中，只有地球上有广泛发育的花岗岩。大陆地壳主要由花岗质岩石组成。人类开采利用的固体矿产资源的 90％以上来自大陆地壳。大多数内生金属矿床与花岗岩的形成和演化有密切的成因关系。岩浆演化分异是元素迁移富集成矿的重要途径，而花岗岩作为演化分异程度最高的岩石，它的形成和演化与许多大型-超大型金属矿产密切相关。世界上著名的大花岗岩省都是国际研究热点，如澳大利亚拉古兰河、澳大利亚塔斯曼造山带、法国华力西造山带等。

巨量花岗岩的形成，是强烈大陆再造的直接结果。在对花岗岩的研究中，大陆地壳的演化历史及壳-幔物质与能量的交换是一个关键。地幔物质的上涌常常导致大陆地壳的张裂和伸展，大量地幔物质上升注入地壳，高热流值极大地促进了不同层位地壳物质的重熔而形成成分各异的巨量花岗质岩浆，这是一种典型的大陆地壳垂向增生和再造过程。无论是直接注入地壳的幔源岩浆或地幔流体，还是与这一生长事件相关的壳-幔混合花岗岩或壳源重熔花岗岩，均是巨量成矿金属的携带者。世界上许多大型、超大型矿床和成矿区带的形成，就是由这类大陆地壳生长事件造成的。

人们根据许多花岗质岩浆来源于下地壳这一认识普遍认为，大量幔源岩浆底侵到地壳底部，其提供的热源引起下部地壳大规模变质作用和深熔作用，形成巨量花岗岩浆使大陆物质发生循环和增生，并因此引发和维持了地壳岩浆系统。这种以幔源岩浆底侵和幔源-壳源岩浆混合成因为突破口来探索花岗质岩石成岩过程及其动力学机制已成为地学研究的重要前沿，如周新民教授等通过对华南花岗岩-火山岩的系统研究（Zhou et al.，2006），提出了与太平洋板块俯冲和玄武岩浆底侵作用有关的中生代火山侵入杂岩形成模式（图 9-1）。

对华南花岗岩的研究始于 20 世纪初的矿山地质调查，20 世纪 40 年代以来，徐克勤、涂光炽、莫柱荪等前辈地质学家对区内花岗岩地质、地球化学及其成矿作用开展了卓有成效的研究工作，并做出了历史性贡献，他们为后继者的进一步研究奠定了良好的基础。20 世纪 60～70 年代以来，完成了全区 1：20 万区域地质调查和地质填图，进一步确定该区花岗岩具有多时代性，并开展了典型岩体和成矿专属性研究，其成果集中体现在 3 本主要专著中（中国科学院地球化学研究所，1979；莫柱荪等，1980；南京大学地质系，1981）。20 世纪 80 年代中后期开始，由于高精度同位素定年技术的发展，以及微量元素和同位

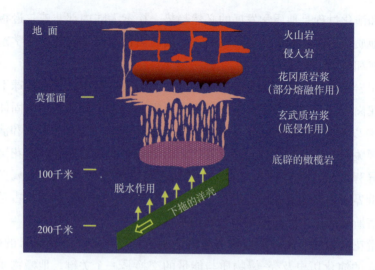

图 9-1 与太平洋板块俯冲和玄武岩浆底侵作用有关的华南大规模的
中生代火山侵入杂岩形成模式图

资料来源：Zhou 等（2006）

素地球化学方法在花岗岩研究中的广泛运用，掀起了对华南花岗岩研究新的热潮，开展了以花岗岩产出构造背景、花岗岩岩浆作用过程、花岗岩与地壳演化及花岗岩成矿系列为主要内容的多学科综合研究，发表了大量的研究论文和一系列专著，并编制了有关华南或南岭花岗岩类系列性地质图件，取得了一系列重要的研究成果。例如，确定南岭地区晚中生代花岗岩是在盆岭构造和整体伸展环境下板内岩浆作用的产物，具有岩浆源区多样、成岩过程复杂、含矿性呈区域分带等特征；指出区内花岗岩的源区岩石主要为华夏基底变质岩系，但不同地区基底岩石的性质存在差异，它们是影响花岗岩多样性和成矿差异性的主要因素；发现许多以往认为属"改造型"（或 S 型）的花岗岩应归为"同熔型"（或 I 型）或 A 型，这些花岗岩普遍具有低的 Nd 模式年龄；指出板块俯冲、幔源岩浆底侵及壳幔相互作用对区内花岗岩的形成具有重要制约；此外，南岭花岗岩在分布格局上主要呈现为三条东-西走向的燕山早期花岗岩带，而燕山晚期花岗岩则主要呈北东向带状分布于浙-闽-粤沿海地区，并伴有同时代的火山岩，构成所谓的花岗质火山侵入杂岩带，这些特点表明了华南由特提斯构造域（印支期）向太平洋构造域（燕山期）的转换关系，并揭示了晚中生代太平洋板块俯冲的时限和变化过程，这些成果极大地推动了华南花岗岩研究的进展。

第三节　巨量金属堆积与中国东部燕山期成矿大爆发

在地球演化的历史长河中，充满了各类灾变性或集中爆发式的突变事件，如大家熟知的"寒武纪生命大爆发"。我国科学家通过对中国东部中生代燕山期成岩成矿作用的大量研究，发现在燕山期这一不太长的地质时期（侏罗纪和白垩纪），在中国东部特别是华南地区发生的成矿作用，其成矿强度之高、密度和规模之大、种类之丰富，达到了其他时空区间无法比拟之程度，被称为"成矿大爆发"（华仁民和毛景文，1999）。图 9-2 展示了燕山期我国各类矿床的分布情况，可以看出，中生代时期（燕山期）华南矿床的分布最为密集。

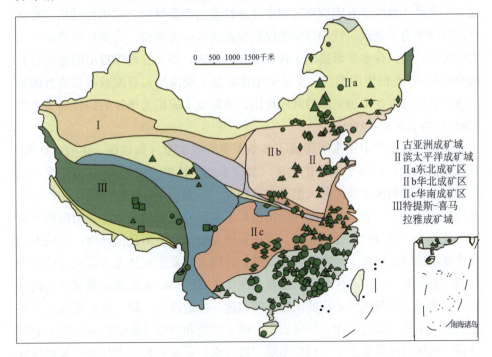

图 9-2　燕山期金属矿床在我国的分布情况示意图

资料来源：据宋叔和（1992）修改

过去几十年国际上矿床的深入研究表明，以洋-陆俯冲作用为特征的环太平洋型大陆增生造山-成矿带，其成矿作用时代以新生代为特征，在太平洋东岸的南美洲安第斯与北美洲科迪勒拉形成了许多大型、超大型大陆边缘型岩浆-热液矿床，在太平洋西岸日本、菲律宾、印尼、巴布亚新几内亚等地形成了许多大型、超大型岛弧型岩浆-热液矿床。然而，华南尽管在晚中生代以来的地域上属于环太平洋构造-成矿域的一部分，却没有与上述地区相对应的新生代与典型大陆边缘型或岛弧体系有关的大型、超大型矿床。相反，由于晚中生代古太平洋板块的俯冲作用，导致强烈的伸展减薄、陆壳再造，在华南形成了大规模燕山期火山-侵入岩浆活动，并在一些窄小的区带内（如南岭、武夷）造就了多种金属的巨量堆积，形成了许多大型、超大型的有色稀有稀土多金属矿床或矿集区。这种伸展构造背景下的陆内成矿作用，已成为近年来国内外地学界研究的热点，将孕育陆内成矿新理论（胡瑞忠等，2010）。

探索大规模成矿作用的过程与机理，发展大型、超大型矿床的新理论和新方法，是当前成矿学研究的一个核心内容和发展趋势。中国东部中生代成矿大爆发必然是该地区岩石圈演化过程中各种特定地质条件综合作用的结果。与该区的地球动力学背景，特别是中生代发生在该区的大规模、突变性的构造及动力学转折有关。许多学者提出了各种不同的模式，如邓晋福等提出的造山岩石圈根的拆沉-去根作用模式。正是中生代时期大规模的岩石圈减薄与构造体制的重大转折二者在中国东部的共同作用，才造成了成矿大爆发的独特地质背景（华仁民和毛景文，1999）。

成矿大爆发在中国东部形成了多条重要的成矿带（如钦杭、南岭、武夷、长江中下游等）和多个大型矿集区（如赣东北、赣南、胶东等）。近年来，我国学者十分强调区域成矿和大型矿集区研究。以翟裕生、陈毓川院士为代表的我国矿床地质工作者，在总结国际国内矿床学研究进展的基础上，明确指出成矿系统是一个有特色的地质系统。成矿系统是地球系统演化的产物，空间上它发生在从地球表层至上地幔的各个层圈，时间上它发生在从太古宙至今的各个阶段。近年来，成矿系统理论的发展，深化了对已知矿床形成过程和机制的认识，扩大了寻找新类型矿床的前景。按照这一新的理论，同一成矿系统在空间上会形成不同类型的矿床，如斑岩型、矽卡岩型和外围低温热液型矿床，它们在同一地区可能形成于同一成矿系统。通过成矿系统分析，提高对已知矿区成矿理论的认识，寻找不同类型的新矿床在我国已有成功的实例。例如，20 世纪80 年代建立了蚀变岩型金矿类型，在德兴发现并勘查了超大型的金山金矿田（推断的内蕴经济资源量为 120 吨）。20 世纪 90 年代引进成矿系统、构造成矿定位、利用多频激电等新方法发现了永平应天寺金、银矿和东乡的几个富铜矿体。由于模式找矿和区域地质研究程度的提高、各种找矿技术和测试方法的改善，以及对成矿地质条件和成矿机制的系统研究，在画眉坳、茅坪和黄沙钨矿深部找到了新矿体，发现和评价了石雷、新庵子、上坪、淘锡坑等大、中型钨矿床，以及大吉山 69 岩体、隘上层控浸染型矿体、焦里和宝山矽卡岩型钨矿床、洪水寨云英岩型钨矿床等一批矿床，使钨矿找矿由单一脉状矿向多种矿床类型发展，大大开阔了钨矿找矿的领域和途径。

华南以中生代燕山期成矿大爆发著称于世，因此，花岗岩与成矿的关系是该区历来最受关注的重要科学问题。华南与花岗岩类有关的矿床主要包括 W、Sn、Mo、Bi、Nb、Ta、Be、Cu、Pb、Zn、Au、Ag 和 U 等。华南的南岭地区，是国家首批确定的 19 个重点成矿区带中最为重点的矿产勘查地区之一，分布有大量的含钨锡花岗岩及相关矿床。

南京大学徐克勤院士等较早注意到区内不同类型的花岗岩具有不同的成矿专属性，指出 W、Sn、Mo、Bi、Nb、Ta、Be、U 主要与"改造型"花岗岩有关，而 Cu、Pb、Zn、Au、Ag 主要与"同熔型"花岗岩有关（南京大学地质系，1981）。陈毓川院士等将南岭地区的有色和稀有金属矿床划分为 5 个矿床成矿系列、6 个矿床成矿亚系列和 21 个矿床成矿模式（陈毓川等，1989）。毛景文等（2008）指出华南存在 170～150Ma、140～125Ma 和 110～80Ma 三次爆发式成矿作用，并认为它们与拉张动力学背景下的壳-幔相互作用及深部热和流体的参与密切相关。上述成果极大地深化了区内花岗岩与成矿关系的认识。同时，我国学者通过对华南花岗岩与成矿作用的研究，还提出了许多新的成矿理论与成矿模型，如著名的"五层楼"钨成矿模型（图 9-3），对该地区的找矿工作提供了理论指导。

花岗岩型铀矿床的发育是华南地区的一大特色，以往研究认为它们主要受控于燕山期的岩浆作用，但近年来的最新研究表明，印支期花岗岩在铀矿床形成过程中发挥了重要作用，很可能是重要的铀源体，而燕山期构造-岩浆热事件主要是提供了热源、矿化剂和动力条件（陈培荣，2004）。印支期花岗岩作为母岩，在燕山期构造-岩浆热事件叠加下，有利于形成大型热液铀矿床，这一认识已受到华南多家地勘单位的高度重视。但是印支期花岗岩为何富铀？是否和形成印支期花岗岩的物质来源有关？华南的铀矿产出为什么具有相对集中、群带分布的特点？这些问题尚需进一步深入研究。

除"同熔型"（或 I 型）、"改造型"（或 S 型）花岗岩与有色稀有金属成矿关系十分密切外，国际上研究表明 A 型花岗岩与一些金属矿床的形成也有密切关系。例如，传统的观点认为，与锡成矿有关的花岗岩其成因类型主要为"改造型"（或 S 型）（南京大学地质系，1981），但人们发现许多锡矿床与 A 型花岗岩有关，典型矿床实例有尼日利亚乔斯高原的锡（铌、钨、锌）矿床、巴西

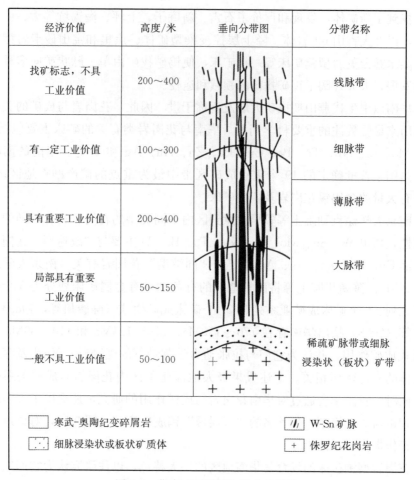

经济价值	高度/米	垂向分带图	分带名称
找矿标志，不具 工业价值	200～400		线脉带
有一定工业价值	100～300		细脉带
具有重要工业价值	200～400		薄脉带
局部具有重要 工业价值	50～150		大脉带
一般不具工业价值	50～100		稀疏矿脉带或细脉 浸染状（板状）矿带

☐ 寒武-奥陶纪变碎屑岩		⊘ W-Sn 矿脉	
▒ 细脉浸染状或板状矿质体		✛ 侏罗纪花岗岩	

图 9-3　华南"五层楼"钨成矿模型

资料来源：古菊英（1981）

北部的 Pitinga 锡（锆、铌、钽、钇、稀土）矿床、加拿大育空（Yukon）的
Seagull-Thirtymile 锡矿床等，我国新疆贝勒库都克锡矿带中的萨惹什克锡矿
床、四川西部连龙锡（银）矿床也是与 A 型花岗岩有关的锡矿床。对南岭地区
的一些锡矿床，如江西会昌岩背锡矿，湖南芙蓉、锡田、荷花坪锡矿和柿竹园
超大型钨（锡、钼、铋）多金属矿床的成矿岩体，目前许多研究者认为可能属
于 A 型花岗岩。在湘南-桂北地区构成一条延伸约 350 千米，出露总面积超过
3000 平方千米的独特的铝质 A 型含锡花岗岩岩带。因此，今后对该类花岗岩
及有关矿床的研究和寻找，应当给予足够的重视。

参 考 文 献

陈骏，王汝成，朱金初，等．2014．南岭多时代花岗岩的钨锡成矿作用．中国科学，44（1）：111-121.

陈培荣．2004．华南东部中生代岩浆作用的动力学背景及其与铀成矿关系．铀矿地质，20（5）：266-270.

陈毓川，裴荣富，张宏良，等．1989．南岭地区与中生代花岗岩类有关的有色及稀有金属矿床地质．北京：地质出版社．

古菊云．1981．华南钨矿脉的形态分类//余鸿彰．钨矿地质讨论会论文集．北京：地质出版社：352.

胡瑞忠，毛景文，范蔚茗，等．2010．华南陆块陆内成矿作用的一些科学问题．地学前缘，17（2）：13-26.

华仁民，毛景文．1999．试论中国东部中生代成矿大爆发．矿床地质，18：300-308.

毛景文，谢桂清，郭春丽，等．2008．华南地区中生代主要金属矿床时空分布规律和成矿环境．高校地质学报，14：510-526.

莫柱苏，叶伯丹，潘维祖，等．1980．南岭花岗岩地质学．北京：地质出版社．

南京大学地质学系．1981．华南不同时代花岗岩类及其与成矿关系．北京：科学出版社．

宋叔和，1992．中国矿产资源图．北京：地质出版社．

中国科学院地球化学研究．1979．华南花岗岩类的地球化学．北京：科学出版社．

Zhou X M，Sun T，Shen W Z，et al. 2006. Petrogenesis of Mesozoic granitoids and volcanic rocks in South China：A response to tectonic evolution. Episodes，29：26-33.

第十章
地幔柱多样性成矿

第一节 引　言

Wilson（1965）提出太平洋中部千余千米的夏威夷火山岛链是运动的洋壳滑过相对固定的"热点"时留下的轨迹，Morgan（1972）及 Hofmann 和 White（1982）认为"热点"来自核幔边界或 660 千米上、下地幔转换带上升的"地幔柱"（图 10-1）。地幔柱是板块内部引发大规模幔源岩浆活动的主要机制。

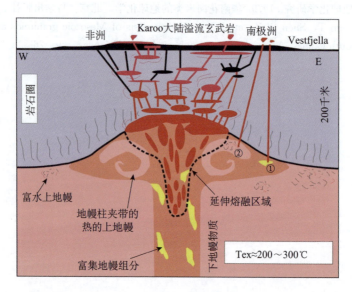

图 10-1　非洲卡隆地幔柱结构模式

资料来源：Putirka（2008）

地幔柱到达岩石圈底部时会散开形成蘑菇状"头冠"，下面是细长的"柱尾"（图10-2）。地幔柱"头冠"部分可以在不超过2Ma的时间内发生剧烈的上地幔部分熔融，形成巨量的岩浆，不仅造成大面积的玄武岩浆喷发，还形成相应的基性-超基性岩体和放射状岩墙群及中酸性侵入岩体，这些火成岩构成了所谓的大火成岩省。由于地幔柱"头冠"的温度比岩石圈地幔高200～300℃，它还可以导致岩石圈地幔中含低熔物质块体的部分熔融，形成地球化学特征不同的岩浆，如1.86亿年前的非洲卡隆地幔柱（图10-2）。大火成岩省的规模差异很大，例如，西伯利亚大火成岩省的面积达450万平方千米，是我国峨眉大火成岩省面积的9倍。地幔柱活动还可能导致全球性的环境剧变，例如，二叠纪末约90%的生物物种灭绝可能与2.5亿年前西伯利亚地幔柱的爆发有关。

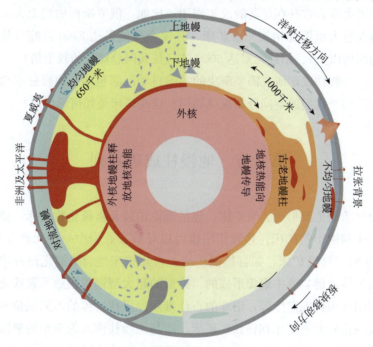

图 10-2　地幔柱与板块构造模式

资料来源：Michigan Technological University. http：//www.mtu.edu/news/stories/2010/september [2012-11-23]

地球形成初期的物质分异决定了镍、铂族元素（包括锇、铱、钌、铑、铂、钯等六种元素）、铬、钴、钒、钛等元素在地幔中的含量远高于地壳。因此，地幔柱活动是将这些元素带到地壳并在极短的时间内在岩浆房发生超常富集和成矿的动力前提。地幔柱部分熔融程度的差异可以导致岩浆成分特别是成矿元素含量的不同,所以,各个大火成岩省成矿作用特点和规模存在差异。一般而言,部分熔融程度越高,越有利于形成镍、铬、铂族元素含量较高的苦橄质岩浆;部分熔融深度越大、熔融程度越低越有利于形成富铁钛的岩浆。据统计,全球90%以上的铂族元素、80%的铬、40%的镍、70%的钒和约80%的钛资源产于与地幔柱有关的岩体中。因此,地幔柱岩浆活动具有重要的成矿意义。另外,尽管我国拥有世界级的金川超大型铜镍矿床,但约50%的镍矿石、90%以上的铂族元素和铬仍然依赖进口。因此,对地幔柱成矿规律的深入研究关系到我国经济的可持续发展。

地幔柱活动贯穿地球演化的整个历史,然而,巨量的玄武岩浆进入地壳后还需要经历特殊的化学演化及物理机制才能导致成矿物质的超常聚集。因此,仅有个别大火成岩省存在显著的成矿作用。比如,俄罗斯西伯利亚大火成岩省的诺瑞斯克超大型铜镍铂族元素矿床,其镍金属储量达2300万吨(是我国镍总储量的两倍以上)、铂族元素达6000吨(是我国总储量的数十倍)。

因此,地幔柱成矿研究需要解决的关键科学问题包括:地幔柱活动会形成哪些矿床系列?它们的空间分布规律如何?这些矿床是如何形成的?

第二节 地幔柱成矿系列

地幔柱活动主要形成岩浆矿床,包括铜镍铂族元素硫化物矿床、铬钒钛铁氧化物矿床和铌钽锆矿床;热液作用也可以导致玄武岩中一些元素发生活化-迁移-聚集形成热液矿床,如自然铜矿床。岩浆矿床是岩浆演化过程中成矿物质在侵入岩体或熔岩流中聚集形成的。典型的超大型铜镍铂族元素硫化物矿床还有我国的金川铜镍矿床等,南非的布什维尔德层状岩体的不同层位分别形成世界最大的铂族元素矿床和铬铁矿矿床。而与地幔柱诱发的典型的热液矿床是美国的基维诺大火成岩省玄武岩中自然铜矿床,其储量超过1000万吨。

我国西南的峨眉大火成岩省是2.6亿年前地幔柱活动的产物(Zhong et al.,2011),尽管面积不大(约50万平方千米),但成矿作用非常发育,不仅形成了星罗棋布的大、中、小型铜镍铂族元素硫化物矿床,镍总储量约70万吨,铂族元素总储量约60吨;还形成了世界最大的钒钛磁铁矿矿集区,包括著名的攀枝花、白马、红格和太和矿床,钒和钛分别占我国总储量的约63%和90%,铁占我国总储量的约16%(图10-3);此外,峨眉山玄武岩中还发现了自然铜矿化,正长岩中发现了铌钽锆矿化。因此,峨眉大火成岩省的地幔柱成矿作用具有极高的科研价值。

第三节　地幔柱成矿模式

地幔柱的结构和岩浆作用特点决定了其成矿作用主要集中在大火成岩省的中部，特别是裂谷带内。例如，诺瑞斯克超大型铜镍铂族元素矿床就分布在西伯利亚大火成岩省中部的裂谷中，含矿岩体沿北东向大断裂分布。我国峨眉大火成岩省的成矿作用的空间分布极有规律，大火成岩省中部的各类矿床均沿南北向的区域性断裂分布；外带的铜镍铂族元素矿床也与裂谷作用有关（图 10-3）。

一、铜镍铂族元素矿床成矿模式

根据矿石中铂族元素含量将峨眉大火成岩省铜镍硫化物矿床划分为三种主要类型：铜镍铂族元素矿床（如四川杨柳坪超大型矿床和清矿山小型矿床）；铂族元素矿床（如云南金宝山大型矿床）；铜镍矿床（如云南白马寨和四川力马河小型矿床等）。

对三类岩浆硫化物矿床铂族元素组成的对比表明，铂族元素矿床不仅硫化物中的铂族元素含量最高，而且这些元素之间具有正比关系；铜镍铂族元素矿床和铜镍矿床中硫化物具有较低的铂族元素含量，而且铂和钯与铱之间呈反相关关系。这些区别都暗示出它们之间在成因上存在着很明显的不同（Song et al.，2008）。研究发现，由于铂族元素比铜镍更加亲硫，而玄武岩浆中铂族元素含量极为有限（铂和钯均小于 0.2×10^{-9}），不同矿床之间金属元素品位的差异与硫化物熔离的强度及硫化物熔浆的结晶过程有关。硫化物从硅酸盐熔浆中熔离的量越大，硫化物中铂族元素的含量越低。因此，铂族元素矿床都是少硫化物型矿床（如金宝山，Tao et al.，2007；Wang et al.，2010），而大量硫化物熔离可以充分吸收岩浆中的铜和镍，但却使得硫化物中铂族元素稀释形成铜镍铂族元素矿床（如杨柳坪，Song et al.，2008）。另外，如果在大量硫化物熔离之前就发生了弱的硫化物熔离，则第二次硫化物熔离就只能形成贫铂族元素的铜镍矿床（如力马河和白马寨，Wang and Zhou，2006；Tao et al.，2008）。由于锇、铱和钌对于早结晶的单硫化物固溶体而言是相容元素，而铂、钯和镍、铜是不相容元素，特别是钯和铜是强不相容元素，因此在多硫化物矿床中硫化物熔体分离结晶过程中这些元素之间将发生显著的分异（Song et al.，

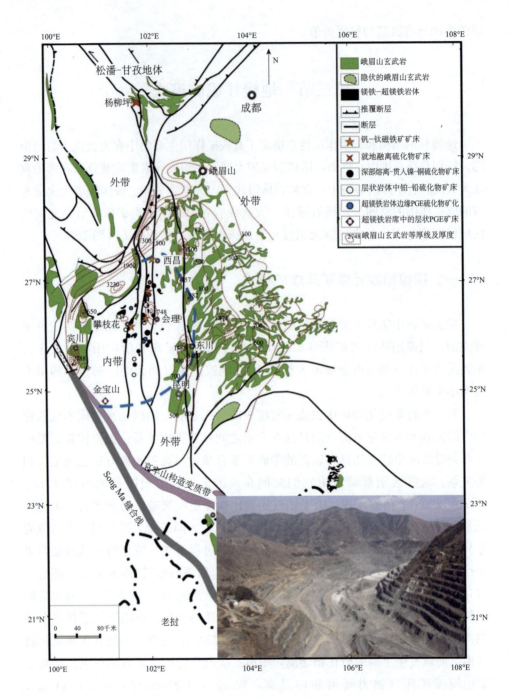

图 10-3　峨眉大火成岩省玄武岩及含矿岩体分布图

资料来源：Song 等（2009）

2008）。上述成矿过程可以用图 10-4 加以表示。

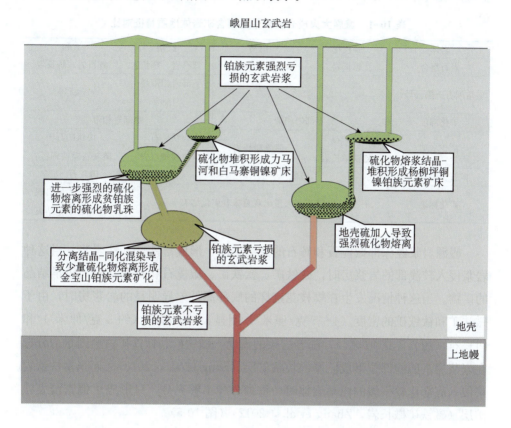

图 10-4 峨眉大火成岩省不同类型岩浆硫化物矿床的成因模式

资料来源：Song 等（2008）

二、钒钛磁铁矿矿床成矿模式

峨眉大火成岩省钒钛磁铁矿矿床成因主要有三种观点：①岩浆液态不混溶形成铁矿浆（宋谢炎等，1994；Zhou et al.，2005；Liu et al.，2014）；②较高氧逸度导致磁铁矿较早结晶（Pang et al.，2008；Bai et al.，2012）；③碳酸质围岩分解导致岩浆氧逸度强烈升高而引发磁铁矿大量结晶（Ganino et al.，2008）。大家都试图用一种模式解释所有岩体中钒钛磁铁矿的成矿，然而，更加细致的观察发现，攀枝花、白马、红格、太和这四个主要含矿岩体在地质和地球化学特征上既具有相似性也具有明显的差异（Song et al.，2013；Zhang et al.，2012；She et al.，2014；Luan et al.，2014）（表10-1），说明很难用一个成矿模式解释所有矿床的成因。

表 10 -1　峨眉大火成岩省内带主要含矿岩体地质特征对比

岩体	攀枝花	白马	红格	太和
岩石组合	辉长岩	橄长岩、辉长岩	辉石岩、辉长岩	辉石岩、辉长岩
角闪石＋黑云母	<2%		下部岩相带高达 15%	<5%
矿化部位	下部岩相带		中部岩相带	
矿化类型	块状矿石＋磁铁辉长岩	磁铁橄长岩	块状矿石＋磁铁辉石岩	块状矿石＋磷灰石磁铁辉石岩
矿石含磷灰石	极低		微量	磷灰石>5%
矿化标志	磷灰石大量出现意味着矿化结束			斜长石大量出现意味着矿化结束

幔源岩浆经深部橄榄石和辉石的分离结晶，形成富铁钛基性岩浆，当这种岩浆侵入较浅部的岩浆房时，磁铁矿、钛铁矿、橄榄石和斜长石成为较早结晶的矿物。当这种情况发生在攀枝花这样的底部高低差异明显的岩浆房时，由于磁铁矿和钛铁矿的密度（4～5 克/厘米^3）明显大于橄榄石（约 3 克/厘米^3）和斜长石（约 2.7 克/厘米^3），随着岩浆的流动，磁铁矿和钛铁矿就会因重力分选在岩浆房下凹的部位形成巨厚的块状矿层（Song et al.，2013）。而当富铁钛岩浆侵入底部比较平缓的白马岩体时，重力分异不够充分，只形成了稠密浸染状矿层（磁铁矿橄长岩，Zhang et al.，2012）（图 10-5）。

实验表明，当岩浆含有一定量的水时，磁铁矿和单斜辉石的结晶会提前，而斜长石结晶推迟。红格岩体下部岩相带含磁铁矿和角闪石（一种含 OH$^-$ 的硅酸盐矿物，其结晶需要岩浆中 H_2O 含量超过 2.3%）的辉石岩为主，说明当分离结晶程度较低、Fe_2O_3 和 TiO_2 含量较低的岩浆侵入红格岩浆房并融化了含水的围岩时，磁铁矿和单斜辉石较早结晶并堆积。但由于结晶的磁铁矿绝对量较小，仅形成贫矿层。随后注入的岩浆更富铁钛，使大量磁铁矿较早结晶，从而在中部岩相带每个旋回的下部形成了块状和浸染状矿层（Luan et al.，2014，图 10-5）。

对于太和岩体而言，其中部岩相带的矿层由磷灰石磁铁矿辉石岩构成，以富 Fe-Ti-P 为特征，而其他三个岩体中磷灰石的出现意味着钒钛磁铁矿矿化的结束。岩石和矿物地球化学研究表明，深部岩浆房演化的富铁钛的岩浆在进入太和岩体之前，先进入了另一个岩浆房，与该岩浆房高度演化的富 P 的岩浆混合，并熔融了部分低熔的铁钛氧化物和磷灰石，形成了独特的富 Fe-Ti-P 的岩浆。当这种岩浆进入太和岩体后，铁钛氧化物和磷灰石成为近液相线矿物，较早结晶，从而在每个旋回下部形成了独特的磷灰石磁铁矿辉石岩（She et al.，2014，图 10-5）。

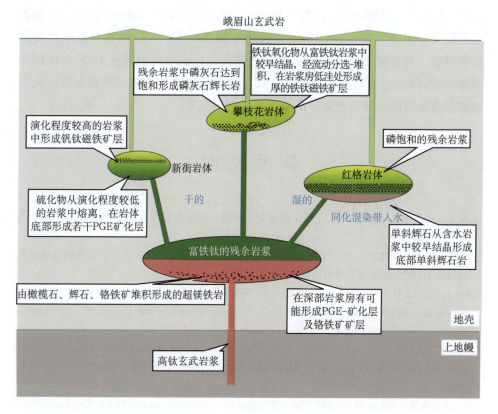

图 10-5 峨眉大火成岩省钒钛磁铁矿矿床成矿模式

三、铌钽锆矿床成矿条件及成矿模式

峨眉大火成岩省已发现 3 处铌钽锆矿床、7 处矿点、21 处矿化点。此类矿床多赋存在碱性正长岩脉中，含矿岩脉侵入到同时代基性-超基性岩体中。其中炉库和白草中小型矿床位于盐边县红格地区，安宁河断裂带西侧，两个矿床西侧为正长岩体，东侧为矮郎河花岗岩体。两个矿区含矿岩脉及相关正长岩体形成时代为 258～256Ma（王汾连等，2013），说明铌钽锆矿床为峨眉地幔柱活动的产物。

两个矿区矿体呈不规则脉状、扁豆状、巢状、串珠状赋存于伟晶正长岩脉中，矿石矿物为烧绿石、锆石、锌日光榴石、褐帘石、褐钇铌矿等；脉石矿物有微斜长石、钠长石、条纹长石、霓石、钠闪石等。炉库矿床探明 465 吨 Nb_2O_5、582 吨 ZrO_2 和 30 吨 Ta_2O_5。铌钽为强不相容元素，因此，含矿岩脉更高的 Nb（158~2210ppm）、Ta（10.3~149ppm）、Zr（433~8160ppm）和稀土含量（ΣREE=133~4087ppm），强烈亏损 Eu、Sr 和 Ti 的特征反映出高度分异特征。而伴随着矿化出现的蚀变如钠长石化说明铌钽锆及 REE 矿床的形成是岩浆-热液过渡阶段形成的富含挥发分熔体固结的产物，其稀有稀土元素的超常富集与碱性花岗质岩浆高演化过程密切相关。

参 考 文 献

宋谢炎，马润泽，王玉兰，等.1994. 攀枝花层状侵入体韵律层理及岩浆演化特征. 矿物岩石，14（4）：37-45.

王汾连，赵太平，陈伟，等.2013. 峨眉山大火成岩省赋 Nb-Ta-Zr 矿化正长岩脉的形成时代和锆石 Hf 同位素组成. 岩石学报，29（10）：3519-3532.

Bai Z J, Zhong H, Naldrett A J, et al. 2012. Whole-rock and mineral composition constraints on the genesis of the giant Hongge Fe-Ti-V oxide deposit in the Emeishan large igneous province, southwest China. Economic Geology, 107: 507-524.

Ganino C, Arndt N T, Zhou M F, et al. 2008. Interaction of magma with sedimentary wall rock and magnetite ore genesis in the Panzhihua mafic intrusion, SW China. Mineralium Deposita, 43: 677-694.

Hofmann A W, White W M. 1982. Mantle plumes from ancient oceanic crust. Earth and Planetary Science Letters, 57: 421-436.

Liu P P, Zhou M F, Chen W T, et al. 2014. Using multiphase solid inclusions to constrain the origin of the Baima Fe-Ti- (V) oxide deposit, SW China. Journal of Petrology, 55: 951-976.

Luan Y, Song X Y, Chen L M, et al. 2014. Key constrains on the formation of the Fe-Ti oxide accumulation in the Hongge layered intrusions in the Emeishan large igneous province, SW China. Ore Geology Reviews, 57: 518-538.

Pang K N, Zhou M F, Lindsley D, et al. 2008. Origin of Fe-Ti oxide ores in mafic intrusions: Evidence from the Panzhihua intrusion, SW China. Journal of Petrology, 49: 295-313.

Putirka K. 2008. Excess temperatures at ocean islands: Implications for mantle layering and convection. Geology, 36（4）: 283-286.

She Y W, Yu S Y, Song X Y, et al. 2014. The formation of P-rich Fe-Ti oxide ore layers in the Taihe layered intrusion, SW China: Implications for magma-plumbing system process. Ore Geology Reviews, 57: 539-559.

Song X Y, Keays R R, Long X, et al. 2009. Platinum-group element geochemistry of the continental flood basalts in the central Emeisihan large igneous province, SW China. Chemical Geology, 262: 246-261.

Song X Y, Qi H W, Hu R Z, et al. 2013. Thick Fe-Ti oxide accumulation in layered intrusion and frequent replenishment of fractionated mafic magma: Evidence from the Panzhihua intrusion, SW China. Geochemistry, Geophysics, Geosystems, 14 (3): 712-732.

Song X Y, Zhou M F, Tao Y, et al. 2008. Controls on the metal compositions of magmatic sulfide deposits in the Emeishan large igneous province, SW China. Chemical Geology, 253: 38-49.

Tao Y, Li C, Hu R, et al. 2007. Petrogenesis of the Pt-Pd mineralized Jinbaoshan ultramafic intrusion in the Permian Emeishan large igneous province, SW China. Contributions to Mineralogy and Petrology, 153: 321-337.

Tao Y, Li C, Song X Y, et al. 2008. Mineralogical, petrological, and geochemical studies of the Limahe mafic-ultramafic intrusion and associated Ni-Cu sulfide ores, SW China. Mineralium Deposita, 43: 849-972.

Wang C Y, Zhou M F. 2006. Genesis of the Permian Baimazhai magmatic Ni-Cu-(PGE) sulfide deposit, Yunnan, SW China. Mineralium Deposita, 41: 771-783.

Wang C Y, Zhou M F, Qi L. 2010. Origin of extremely PGE-rich mafic magma system: An example from the Jinbaoshan ultramafic sill, Emeishan large igneous province, SW China. Lithos, 119: 147-161.

Wilson J T. 1965. A new class of faults and their bearing on continental drift. Nature, 207 (4995): 343-347.

Zhang X Q, Song X Y, Chen L M, et al. 2012. Fractional crystallization and the formation of thick Fe-Ti oxide stratiform in the Baima layered intrusion, SW China. Ore Geology Reviews, 49: 96-108.

Zhong H, Campbell I H, Zhu W G, et al. 2011. Timing and source constraints on the relationship between mafic and felsic intrusions in the Emeishan large igneous province. Geochimica et Cosmochimica Acta, 75: 1374-1395.

Zhou M F, Arndt N T, Malpas J, et al. 2008. Two magma series and associated ore deposit types in the Permian Emeishan large igneous province, SW China. Lithos, 103: 352-368.

Zhou M F, Robinson P T, Lesher C M, et al. 2005. Geochemistry, petrogenesis and metallogenesis of the Panzhihua gabbroic layered intrusion and associated Fe-Ti-V oxide deposits, Sichuan Province, SW China. Journal of Petrology, 46: 2253-2280.

Zhu D, Luo T Y, Gao Z M, et al. 2003. Differentiation of the Emeishan flood basalts at the base and throughout the crust of Southwest China. International Geology Review, 45: 471-477.

第十一章
中国大陆多块体拼合造山成矿

第一节 引 言

克拉通和造山带是构成大陆地壳的两个基本构造单元。中国大陆地壳特征可以概括为：①中国陆壳面积地台区（包括华北克拉通、扬子地台和塔里木地台）占 1/3，其余为造山带区；②所占质量百分比地台区 29.7%、造山带区 70.29%，而全球则为地台区 69.6%、造山带 30.4%；③中国陆壳平均厚度（47 千米）大大超过全球陆壳的平均厚度（36.5 千米）。中国陆壳沉积层均厚约 5 千米，所占的质量百分数为 9.21%，远高于全球陆壳沉积层质量百分数（2.2%）（黎彤和李峰，1991）。这一基本事实奠定了中国大陆具有鲜明的多块体拼合造山的基本格局与成矿特色。

北美（以北美克拉通为主体）和欧洲大陆（以俄罗斯-东欧克拉通为主体）均是以一个巨型前寒武纪克拉通为主体形成的单一大陆，中国大陆则是由众多微陆块和造山带拼合而成的复合大陆。这些微陆块以华北地台、扬子地台和塔里木地台 3 个小克拉通面积最大，具有前寒武纪基底和发育良好的沉积盖层，并且其固结时间也明显晚于前两者（Zhai and Santosh，2011）。华北地台面积大约是俄罗斯克拉通的 1/5，北美克拉通的 1/12，扬子地台大约是俄罗斯克拉通的 1/7，北美克拉通的 1/20。这些小陆块，既具有克拉通的基本结构和特征，又表现出较强的活动性，因而黄汲清先生称之为准地台，陈国达先生称之为活化地台或地洼。其他微陆块包括图瓦-蒙古、中蒙古-额尔古纳、伊犁、布里亚-佳木斯、柴达木、羌塘、拉萨、中缅马苏等，均已比较强烈地卷入显生宙的造山带中（图 11-1）。

我国学者早就注意到中国大陆具有小陆块、多缝合带、软碰撞、多旋回缝合的特点，并受到古亚洲、特提斯、环太平洋三大动力学体系的作用（任纪舜等，1999；王鸿祯等，2006）。微陆块间的弱碰撞称为软碰撞，巨型大陆之间的强烈碰撞称为硬碰撞（任纪舜等，1999）。在古生代阶段，这些小克拉通和微陆块大多位于古亚洲洋之南，属于冈瓦纳大陆结构复杂的北部边缘；中生代阶段，它们大多又位于特提斯之北，属于古亚洲（劳亚大陆东部）大陆结构复杂的南部边缘。微、小陆块的软碰撞和多旋回缝合以及由此而产生的多旋回复合造山带和多旋回构造岩浆成矿作用是其非常重要的特征。

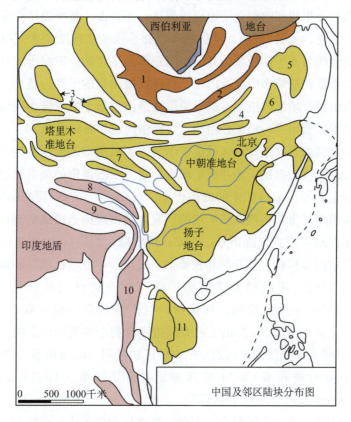

图 11-1　中国及邻区陆块分布图

1. 图瓦-蒙古地块；2. 中蒙古-额尔古纳地块；3. 伊宁等地块；4. 锡林浩特等地块；5. 布列亚-佳木斯地块；6. 松嫩地块；7. 柴达木地块；8. 羌塘地块；9. 拉萨地块；10. 中缅马苏地块；11. 印支地块

资料来源：据任纪舜等（1999）、王鸿祯等（2006）综合修改

　　中国大地的构造发展、演化，可以概括为四大阶段：①太古代-古元古代阶段，华北克拉通（又称中朝地台）逐渐形成，约 1800Ma 前固化；②中新元

古代阶段，扬子地台及塔里木地台的形成，约 700Ma 前固化；③古生代阶段，古亚洲大陆的逐步形成；④中、新生代阶段，滨太平洋构造带和特提斯-喜马拉雅构造带的形成和发展。环绕中朝-塔里木和扬子板块的增生造山带由老到新依次形成，并镶接于古板块边缘，使中国大陆逐渐增生扩展。

中国大陆围绕华北克拉通、扬子地台和塔里木地台，依次向外增生（Zhai and Santosh，2011）。古亚洲洋沿南天山-索伦山-西拉木伦河缝合线闭合（Xiao et al.，2003，2004），天山-兴蒙造山带拼贴到塔里木地台和华北克拉通，与西伯利亚板块和哈萨克斯坦板块焊接；原、古、新特提斯洋在显生宙沿秦岭-祁连-昆仑、羌塘-双湖、雅鲁藏布江缝合线依次向欧亚大陆拼贴；以台湾大纵谷缝合线与太平洋板块分开。中国东部太平洋俯冲影响所波及的活动大陆边缘及太平洋构造域多中亚造山带、特提斯造山带的干涉与叠加、北方造山带（中亚造山带）增生改造、青藏高原碰撞造山过程中的壳幔作用与大规模成矿机理，是国际造山带与成矿作用的重大科学问题和研究前沿。

造山带研究的发展推动了区域成矿学与成矿预测学的快速发展。基于环太平洋成矿域的研究，提出了俯冲成矿理论，建立了岛弧带的斑岩型铜金矿、浅成低温热液金矿等多金属矿床的成矿模型（Sillitoe，1972；Richards，2003）；基于秦岭金钼成矿带与特提斯成矿域的研究，提出碰撞造山成矿理论，并建立造山型矿床的成矿模式（陈衍景，2002；侯增谦，2010）；中亚造山带研究揭示了成矿作用的多样性、复杂性和独特性，提出"中亚成矿域"的概念（涂光炽，1999）；同时，认识到大陆内部广泛存在改造型成矿作用（涂光炽，1986），建立了中亚造山带构造演化阶段与矿床组合的内在联系（秦克章，2000；Qin et al.，2005），提出了古大陆边缘有利于多类成矿系统发育（翟裕生，2004），将大陆地区的矿床划分出多种成矿系列（陈毓川等，1997），发现埃达克质岩浆与斑岩型 Cu-Au 矿床形成有密切联系（Thieblement et al.，1997；Oyarzum et al.，2003；张旗等，2002，2004；Zhang et al.，2006）。由上可见，造山带样式与金属组合、大型矿集区与大型矿床形成机制和分布规律是造山带成矿学研究的核心问题。相对于洋壳俯冲成矿理论和陆陆碰撞造山成矿理论而言，大陆增生造山成矿理论尚处于探索阶段。对其深入研究，将提高对中国大陆主要成矿带成矿环境与成矿前提的认识，将有力推动找矿的重大突破。

第二节 中亚型造山与古生代大规模成矿

中亚造山带（成矿域）是全球规模最大的增生型造山带和显生宙大陆地壳生长最显著的地区。多块体-小洋盆复杂格局的演变包含了比环太平洋型造山更复杂的侧向增生过程，多块体拼合后的地壳垂向增生也比阿尔卑斯-喜马拉雅型造山更为显著。中亚成矿域既发育增生造山阶段的弧环境相关矿床（蛇绿岩套型铬铁矿、斑岩铜矿、VMS），也发育与碰撞造山（造山型金矿、石棉、滑石、白云母）和后碰撞陆内岩石圈伸展相关的大陆环境矿床（岩浆铜镍矿、斑岩钼矿、热液金矿）（秦克章，2000；Qin et al.，2011），蕴含成矿理论创新的巨大潜力。

中亚地区以古生代多陆块拼合造山、中新生代陆内造山与山盆体系构成独特的地质构造格局。中亚型造山带具有多块体、多缝合带镶嵌、山盆耦合的大地构造格局，地壳经历了古生代地块拼合增生过程和中新生代陆内造山过程；陆块规模小于现代大陆板块，陆间洋盆小于现代大洋；多期蛇绿岩、高压变质岩、富碱花岗岩带的发现，指示地壳增生过程复杂多样；地壳经历了多旋回的造山和增生；中亚大型-超大型矿床总体上表现出网格状（矿结）分布特征和聚矿带的菱形镶嵌状展布规律，相比之下，环太平洋与特提斯成矿域则更具有"线性"特征；海西期的碰撞造山与成矿作用具有多岛海特征。

一、中亚成矿域多块体拼合造山过程与大陆地壳生长机制

古亚洲洋最终闭合以及塔里木地块与中亚增生造山带南缘拼贴事件发生的时间一直存在争议，也成为制约认识中亚成矿域西段大陆地壳生长机制和大规模成矿地球动力学背景的一个最重要科学问题。通过对北疆阿尔泰、准噶尔、天山造山带的构造变形、蛇绿岩、高压-超高压变质岩、花岗岩等多学科的综合解剖，精确限定古亚洲洋西段最终闭合和塔里木-伊犁地块之间的碰撞发生晚石炭世末期（高俊等，2006；Qian et al.，2009；Lin et al.，2009），进一步确认中亚增生造山以多岛洋格局为特征，大陆地壳生长通过双向增生实现，强烈壳幔作用过程中形成了一系列大型-超大型矿床。

中亚造山带的显生宙大规模地壳生长可以用这两阶段模型解释，早期洋陆俯冲阶段岛弧物质的侧向添加＋晚期后碰撞幔源物质垂向底垫大陆地壳生长伴

随着多类型的壳幔强烈相互作用和巨量流体活动，从而诱发金属成矿元素的超常富集、形成大型-超大型矿床。

二、北疆主要金属矿床划分为八大构造阶段产物

秦克章（2000）、Qin 等（2005）按照板块构造观点并结合最新的系统同位素年代学资料，将北疆古生代金属矿床（兼顾某些构造环境指向明确的非金属矿床如石棉、滑石等）划分为八大构造阶段组合：①稳定古陆环境中的前寒武纪矿床——沉积 Fe、Cu-Ni、Mn、P 矿床；②裂谷发育期（初始拉张期）矿床——Fe、Mn、P 矿床；③洋壳（小洋盆）扩张阶段矿床——蛇绿岩套 Cr 矿床；④板块汇聚边缘早期阶段挤压陆缘环境矿床——斑岩 Cu-Au 矿床；⑤板块汇聚边缘晚期过渡壳扩张阶段矿床——VMS Cu-Pb-Zn 矿床；⑥碰撞造山期矿床——造山型 Au、石棉、云母矿、岩浆 Cu-Ni 矿床；⑦造山期后伸展构造阶段矿床——岩浆 Cu-Ni 矿床、Au、斑岩 Mo 矿；⑧盆山耦合阶段沉积成矿——砂岩 U 矿、钾盐等。

新疆北部 100 余个已知矿床系统的同位素年代学研究，揭示出海西期（400～250Ma）是本区有色和贵金属成矿高峰期。整个北疆地区陆相环境中金、铜-镍、锡、银等矿床主要就位于晚古生代末碰撞造山挤压-伸展转变期，与大规模的块体旋转、压剪、走滑拉张，以及陆内俯冲造山、地幔柱叠置等独特的现象有成因联系。铜矿主要集中于中泥盆世、石炭纪，铜镍矿于早二叠世爆发成矿。金矿跨越时限为泥盆纪-早三叠世。其中早石炭世，主要为火山岩浅成低温型金矿床，晚石炭世-早二叠世以形成韧性剪切破碎带型金矿为特征，二者共同的特点为均产出于俯冲带的边缘带近陆一侧（岛弧带-弧后盆地交接部位）。表明海西期构造、岩浆、成矿作用对中亚造山带-北疆-北山-内蒙古地区具有普遍的和重要的意义（图 11-2）。

三、矿床时空分布记录所反映的构造环境及其演化

成矿带和区域矿化组合与时空分布样式可用来反演大地构造环境及其演化程度。晚志留世-早泥盆世、晚泥盆世、晚石炭世-早二叠世是北疆三个主要聚合阶段。成矿高潮期与低潮期交相出现，分别与北疆古生代的三次扩张-聚合相对应。

三期拉张：第一期（震旦纪-奥陶纪）主洋盆扩张，保存下来的矿床不多。第二期（早-中泥盆世）裂解-弧后扩张阶段，是新疆主要成矿阶段之一，已有迹象的岛弧具洋壳或过渡壳不成熟岛弧的特点。第三期（早石炭世-早二叠世）

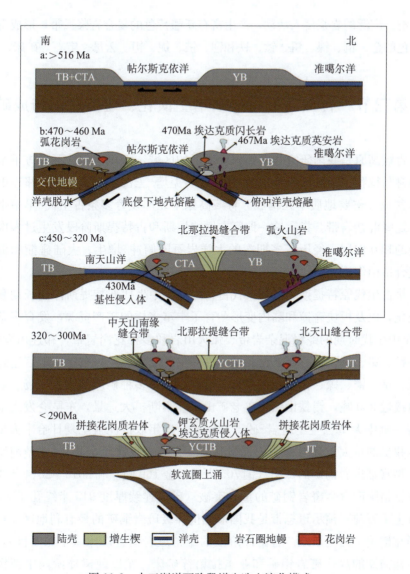

图 11-2 古亚洲洋两阶段增生造山演化模式

TB. 塔里木板块；CTA. 中天山复合弧；YB. 伊犁地块；YCTB. 伊犁中天山地块；JT. 准噶尔地体

资料来源：Gao 等（2009）

弧后盆地阶段拉张规模有限，相应的矿床较小，而此时岛弧上则形成了大型斑岩铜矿，且显示出陆缘成熟岛弧的特点。

三期挤压聚合：第一期（晚志留世-早泥盆世）形成与俯冲和对接相伴随的刚玉、红柱石、石棉等变质矿产组合。第二期（晚泥盆世）仅形成白云母、稀有金属等矿产。第三期（晚石炭世-二叠纪）碰撞造山最强烈，随后发生造山后伸展走滑、广泛的岩浆侵入活动，产生富有新疆特色的复合岩浆弧带，形成富有新疆特色的金、铜、镍、钒、钛、铁和锂、铍、铌、钽、云母、宝石等矿床。

第三节　青藏高原特提斯增生演化、碰撞造山与成矿

青藏高原是我国研究与勘查程度最低的区域，面积达 120 万平方千米。主要由喜马拉雅、冈底斯、班公湖-怒江带、羌塘-三江、东昆仑山、祁连山和柴达木盆地等重要地质单元构成。青藏高原中北部发育多条古生代-早中生代时期的蛇绿混杂岩带，指示这一地区在原特提斯和古特提斯阶段发生过多次板块之间的相互作用，经历了多期次的大洋岩石圈俯冲-增生、大陆碰撞和板内叠加复合造山作用。

早古生代原特提斯、晚古生代古特提斯、中生代新特提斯洋的长期和复杂的演化，以及板块碰撞和陆内变形孕育了丰富多样的矿产资源，发育多条古生代-早中生代时期的蛇绿混杂岩带、弧火山岩和多种花岗岩带，祁连山发现铜、铅、锌、铬、钨、铁、金、钴、锰等许多重要金属矿产；东昆仑地区蕴含巨大的金、钴、铜、镍、钨、钼等多金属资源，具有多种矿床组合。大场金矿探明储量接近 300 吨，锡铁山铅锌矿老矿山也在不断扩大远景，东昆仑发现卡尔却卡等一批中大型三叠纪斑岩-矽卡岩铜矿，近年取得泥盆纪夏日哈木大型铜镍矿床找矿的重大发现（探明镍储量达 110 万吨，仅次于金川），羌塘南缘多龙超大型富金斑岩铜矿的探明（铜 705 万吨，金 169 吨）和 2013～2014 年中铝公司在铁格隆南含金斑岩铜矿的重大突破（矿体连续厚度 915 米终孔于矿体内，远景上千万吨）预示班怒带是我国形成世界级斑岩铜矿的最有利地区，可与安第斯相媲美。冈底斯既产有俯冲阶段的雄村斑岩铜金矿床（中侏罗世），还产有主碰撞期的沙让斑岩钼矿和亚圭拉铅锌矿床，尤以晚碰撞阶段中新世的甲玛、驱龙巨型斑岩-矽卡岩型铜钼矿床最具特色（秦克章等，2014）。青藏高原成矿条件优越，具有多期成矿作用、多矿种和多类型的复合成矿系统特点（Hou et al.，2009；Qin，2012）（图 11-3）。复合造山在昆仑山表现得特别明显，早古生代与晚古生代（原特提斯与古特提斯）两期增生造山叠置，祁连-柴北缘、羌塘-松潘-甘孜则更多表现为陆内造山叠加改造，形成了多类、多期复合成矿系统。然而该区域地质演化的长期性、复杂性、基础地质研究的缺乏大大制约了对高原中北部矿产形成分布规律的认识与有效勘探。研究和恢复这些早期板块之间的离散、俯冲和碰撞的过程，以及在时、空上的迁移，建立多

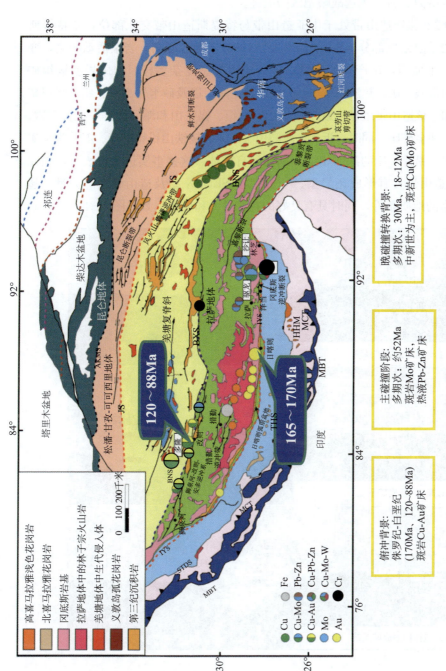

图11-3 青藏俯冲、主碰撞、晚碰撞背景三期斑岩矿床

AKMS. 阿尼玛卿–昆仑缝合带; JS. 金沙江缝合带; BNS. 班公–怒江缝合带; IYS. 印度河–雅鲁藏布缝合带; STDS. 藏南拆离系; MCT. 主中央逆冲断裂; MBT. 主边界逆冲断裂; HHM. 高喜马拉雅变质岩; THS. 特提斯–喜马拉雅序列

资料来源: 据Qin (2012) 改绘

期、多类型复合成矿系统的成矿模型与勘查模型则是加速揭开青藏高原中北部巨大成矿潜力、科学优选战略靶区的关键。

柴北缘-祁连造山带处于中亚造山带与特提斯造山带交汇部位，是特提斯造山带的重要组成部分（Sengör et al.，1993）。构造复杂、岩浆活动频繁，变质变形作用强烈，矿产资源丰富，矿床成因类型复杂多样，如斑岩型铜钼矿床、造山带型金矿、热液型和 sedex 型铅锌矿床，以及矽卡岩型铁、铅锌、银矿床。例如，该造山带中已发现了镜铁山、白银、锡铁山和滩间山等一批大型铁、铜、铅锌和金矿床。同时，近年来滩间山金矿床、锡铁山铅锌矿床、五龙沟金矿床和红旗沟铅锌矿床的深部相继分别找到盲矿体。这些事实进一步表明，柴北缘-祁连造山带具有形成斑岩型、VMS 型、SEDEX 型及造山带型等大型、超大型矿床的地质条件，同时具有良好的找矿潜力和成矿远景（图 11-4）。

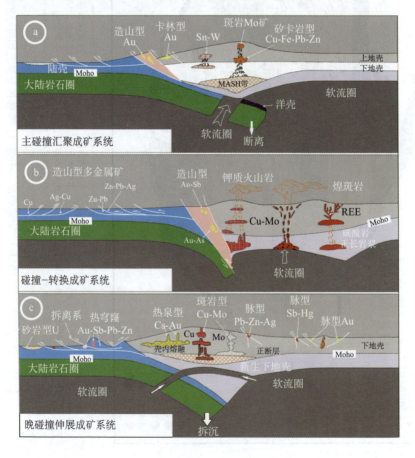

图 11-4　青藏高原陆陆碰撞成矿模型

资料来源：据侯增谦（2010），有修改

第四节 中国成矿特色及其与大陆地壳演化的关系

一、中国大陆成矿时空迁移与演化

中国金属矿床类型随中国大地构造演化而相应地变化，并显示出一定的继承性和不可逆发展的特征。在太古宙-古元古代阶段，中朝地台逐渐形成，塔里木地台仍在形成中，古元古代扬子地台最初阶段的古陆核出现。铜矿成矿作用发生在优地槽中，主要为 BIF 型铁矿和火山岩块状硫化物铜矿（表 11-1）。太古宙和新元古代仅形成红透山一处大型铜矿。在中-新元古代阶段，扬子地台和塔里木地台形成，这时的矿床类型和前期相比，明显不同，这与全球相对宁静缺少火山作用是一致的，它们主要发生在冒地槽海相沉积地层内，形成与红层和碳酸盐岩、石英岩、碳质板岩等有关的海相沉积（变质）岩型铜矿，并有沿地台边缘产出的铜镍矿床。前寒武纪成矿主要集中在相对稳定的中朝地台（山西断隆的中条隆起、冀东台隆、辽东台隆、内蒙地轴）和扬子地台（康滇地轴）边缘上（表 11-1），二者成矿地质环境均经历了优地槽-冒地槽（主动大陆边缘-被动大陆边缘）环境。

古生代阶段，北部古亚洲大陆逐步形成。早古生代成矿作用则移至祁连山造山带、昆仑造山带、巴颜喀拉-甘孜造山带，为优地槽环境，主要为火山岩块状硫化物型铜矿（白银厂）和原特提斯洋闭合阶段的钨锡矿床（东昆仑白干湖）。

晚古生代成矿作用，与古板块构造、大陆地壳拗陷和岩浆作用有关，既有海底火山喷发与海底热泉活动，又有镁铁质-超镁铁质（峨眉山和塔里木大火成岩省）和花岗质岩浆作用，主要形成火山岩块状硫化物型、沉积岩块状硫化物型、铜镍型、钒钛磁铁矿型和斑岩型铜矿。成矿作用空间上除发生在巴颜喀拉-甘孜造山带、昆仑造山带和下扬子拗陷带外，还推移到华南造山带、阿尔泰造山带、天山造山带、内蒙-大兴安岭造山带和秦岭造山带。

中、新生代阶段，在滨太平洋和特提斯-喜马拉雅构造域形成和发展阶段，大型矿床明显与典型板块构造和地台活化引起的中酸性火山-岩浆杂岩带有关，主要有斑岩型、矽卡岩型、浅成低温热液型、海相沉积岩块状硫化物型（改造期）和陆相山间盆地沉积型、风化淋滤型，有时出现两到三个类型的复合。成矿作用集中在：①中国东部环太平洋成矿域及受其影响的外带，包括下扬子拗

表11-1 中国主要金属矿床类型、时空分布及其与陆壳增生的关系

图例：
- □ 海相火山岩型
- ■ 海相沉积岩块状硫化物型
- ◇ BIF型铁矿
- ◇ 海相沉积变质岩型
- ⊠ 陆相火山岩型
- ⊡ 陆相沉积型
- ⊠ MVT型
- ⊠ Sedex型
- ○ 斑岩型
- △ 砂卡岩型
- ⊙ 浅成低温热液型
- □ 伟晶岩型
- ◇ 蚀变岩-石英脉型 Au等
- 花岗岩浆液型
- ⊖ 复合型
- ▽ 镁铁质-超镁铁质型Cu-Ni
- ⊵ 镁铁质-超镁铁质型V-Ti
- ▶ 铬铁矿
- ▲ 后期叠加/改造作用

陷带、江南地轴、康滇地轴、滇东拗陷带、华南造山带、额尔古纳地块，成矿主要为燕山期；②中国西南部特提斯-喜马拉雅成矿域的三江造山带、巴颜喀拉-甘孜造山带、秦岭造山带西段、班公湖-怒江带、冈底斯带造山带等（表11-1），成矿期主要为喜山期，次为燕山期、印支期。

二、我国东部燕山期成矿特色与克拉通破坏和再造

中国中东部中生代主要表现为受特提斯、太平洋和蒙古-鄂霍茨克洋俯冲及华南-华北碰撞所联合形成的活动陆缘（董树文等，2008），因而中国东部主要表现为活动大陆边缘性质，而非典型的增生弧。在中国东部，燕山运动无论在广度和强度上都是一次重要的地壳运动。它主要发生于侏罗纪、白垩纪，并在不同地区伴随有岩浆活动、火山喷发、褶皱及断裂、断陷盆地的形成及成矿作用等。

中国大陆东部，属环太平洋成矿域西部带的外带。燕山造山作用是中国东部古生代以来最重要的地质事件，它结束了蒙古-兴安、秦岭等造山带长期的多旋回造山过程，使中国东部及邻区诸陆块最终焊合为一个整体。由于东亚大陆与西太平洋各板块的相互强烈作用，包括滨太平洋俯冲带及其向西的远程效应，在燕山期中晚阶段构造-岩浆-成矿作用发展到高峰，形成复杂多样的中国东部构造-岩浆-成矿景观。在中国东部广泛发育的燕山运动，既生成了众多的具有中生代特色的 W、Sn、Mo、Cu 等矿床，又因其构造-岩浆活动的强烈而对古老变质基底中的矿床（或矿源层）进行改造（蒋少涌等，2010，2015）。适度的改造可使原有成矿组分活化转移，参加到燕山期岩浆热液成矿作用中，为形成新的 Au 矿、Pb-Zn 矿、U 矿等做出贡献。

中国地壳最上部构造层的大地化学背景概括为：中朝地台 K_2O、Na_2O 含量高；扬子地台 FeO、MgO 含量高；塔里木地台 CaO 和 CO_2 含量最高。增生造山带北缘亚区以高 Na_2O 和 K_2O、低 MgO 和 CaO 为特征；青藏亚区相反，低 Na_2O 和 K_2O，高 MgO 和 CaO；华南区以高 Na_2O 和 MgO、低 K_2O 和 CaO 为特征。中国陆壳沉积圈的化学成分具有含 CaO 极高和 Na_2O 极低的特征。其上陆壳（包括沉积层和硅铝层）含 SiO_2、Al_2O_3、K_2O 较高，而 FeO、MgO、CaO 较低。与全球陆壳的平均化学成分相比较，中国陆壳化学特征表现为硅、铝含量低，而 K_2O 含量较高（黎彤和李峰，1991）。这从一个侧面反映中国大陆地壳演化充分，成熟度高，同时也是我国东部形成全球著名钨锡钼成矿省的内在原因之一。

以中国大陆、欧洲大陆和北美大陆大规模地球化学填图数据为基础，对三

大洲元素分布特征对比揭示：中国不同大地构造单元元素丰度（背景值）有所不同，反映了这些大地构造单元的地质背景，如 W、Sn、Bi、Mo 在华南造山带的含量分布远远高于其他构造单元；Ag、Pb、Zn、Cu 元素高含量分布于扬子克拉通和华南造山带；As、Sb、Hg 高含量主要分布于扬子克拉通西南缘，与低温成矿域密切相关。

由于燕山运动是在地质历史晚期才出现的，它不可避免地要给早期形成的沉积物、岩浆岩、地层、矿床等带来影响和留下烙印。中国地壳活动性较强，多旋回演化引起的成矿继承性、多种类型共存和多成因复合成矿现象明显。

就世界范围看，长期相对稳定的古老地块中，一些古老矿床（太古宙、元古宙的）就保存较多，如南非地块上的与镁铁-超镁铁质岩有关的铬、铂、镍、钒、钛矿床和威特沃特斯兰德金矿等；加拿大古老地块中也保存有不少大型、超大型矿床。加拿大地盾、澳大利亚西部、澳大利亚北部古老地块的长期稳定性非同一般。

与此形成鲜明对照的是，中国的华北地块和扬子地块处在古亚洲、特提斯、滨太平洋等三大构造域的交汇地带，在相当长的地质历史阶段中具有较强的活动性，尤其是中生代以来活动频繁。华北克拉通被公认为是全球克拉通破坏的典型。这种构造环境对古老矿床的完整保存不大有利。相反，伴随晚中生代克拉通性质的根本转变及岩石圈明显的减薄过程，在克拉通周缘发生大规模的岩浆活动和强烈的金、铜、钼和轻稀土等成矿作用（Fan et al.，2011；Zeng et al.，2013）。对应于克拉通破坏，华北克拉通东南缘的金矿床主要形成于～120Ma，是典型的"爆发式"成矿作用的产物。华北克拉通东南缘大规模的岩石圈减薄、软流圈物质上涌及壳幔相互作用，为大规模金矿化提供了物质基础。

三、全球第一大、第二大钼矿省产于中国的原因

长期以来美国中西部为全球第一大钼矿省，20 世纪 90 年代中国秦岭钼矿省超过北美中西部钼矿省，21 世纪以来内蒙-大兴安岭超过秦岭跃为全球第一大钼矿省（图 11-5）。中国斑岩型钼矿床按时代划分为奥陶纪、泥盆纪、二叠纪、三叠纪、侏罗纪和白垩纪 6 个成矿期（Zeng et al.，2013），东北、燕辽、秦岭、长江中下游、华南和冈底斯 6 个钼矿带。斑岩钼矿床分别产于俯冲、碰撞、转换、伸展多种构造环境。Sr-Nd-Pb、Hf 分析揭示斑岩型钼矿成矿斑岩有多个来源：既可来自俯冲带沉积物的卷入、古老下地壳熔融，也可来源于新生地壳的熔融。我国东北部成为世界最大钼矿省的关键因素包括：含有多个小

陆块的复合造山带、高度演化的成熟陆壳晚中生代爆发成矿、古亚洲洋、蒙古-鄂霍茨克洋、古太平洋的多次构造叠加、高分异演化岩浆、多期斑岩套合成矿，以及上述有利因素的最佳配置。

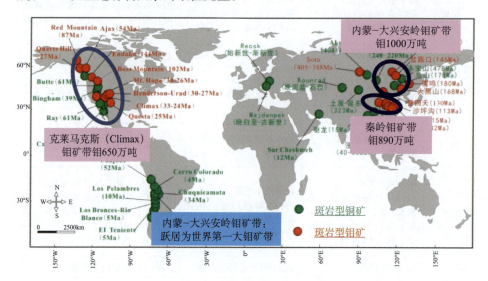

图 11-5　全球斑岩钼矿省分布

资料来源：Zeng 等（2013）

四、中亚、青藏与环太平洋造山带成矿对比

从全球三大成矿域的优势矿床来看，环太平洋成矿域东西带均以斑岩铜矿和浅成热液金矿为特征，西带也产有一些重要的黑矿型块状硫化物矿床和 Cr、Ni 矿。特提斯-喜马拉雅成矿域则以斑岩铜矿、铬矿为特点。古亚洲成矿域则以盛产块状硫化物铜铅锌矿、斑岩铜矿和穆龙套型 Au 矿、造山带铜镍硫化物、富碱侵入岩型矿床为特色。铜、金、银、铬、镍、铂族、稀有金属和可地浸砂岩铀矿等是中亚成矿域的优势矿种（表 11-2）。

北疆古生代主要矿床类型及其组合与构造地质环境和东南亚新生代多岛海成矿作用具相似性。东南亚俯冲更强烈，岛弧斑岩铜-金矿规模巨大，北疆山-盆系碰撞期及碰撞期后演化更充分，相对应的矿床也更发育，如韧性剪切带 Au 矿、超基性岩 Cu-Ni 矿、穆龙套式 Au 矿、伟晶岩矿床等。由于二叠纪塔里木地幔柱对造山带的叠置（Qin et al.，2011），中亚造山带产出一系列铜镍硫化物矿床。

表 11-2　中亚多岛海型造山带与环太平洋洋陆俯冲型、青藏陆陆碰撞型造山带对比

类别	俯冲型造山带	碰撞型造山带	中亚型造山带
组成	增生杂岩带、岛弧花岗岩基带、岛弧火山岩带、双变质带	仰冲陆块基底、混杂岩带、碰撞花岗岩带、被动大陆边缘	增生杂岩-岩浆弧带与小陆块相镶，多条蛇绿混杂岩带、富碱花岗岩带、（超）基性岩带、韧性剪切带
结构	洋陆俯冲结构	陆陆俯冲结构	盆山相间构造格局
过程	威尔逊旋回中晚期	威尔逊旋回晚期	多期裂解-拼贴，弧后盆地衰萎造山，并叠加有中新生代强烈陆内造山
机制	洋壳板块向陆壳板块下的俯冲	陆壳板块向陆壳板块下的俯冲	多岛海型众多小陆块的拼贴
特征矿床	俯冲成矿系统沟-弧-盆成矿系统，斑岩 Cu 矿、浅成低温 Au 矿、花岗岩热液 Sn-Ag 矿、砂岩 Cu 矿油、气	碰撞成矿系统仰冲蛇绿岩 Cr 矿，块状硫化物矿床，S 型花岗岩 Sn-W-REE-稀有矿	蛇绿岩 Cr 矿、块状硫化物矿床、斑岩 Cu 矿、浅成低温 Au 矿、碰撞期后伸展走滑剪切带 Au 矿、超基性岩 Cu-Ni 矿、Murutau 式 Au 矿、油、气
典型代表	环太平洋东带	阿尔卑斯-喜马拉雅带	天山、阿尔泰山造山带

参 考 文 献

陈衍景.1996.陆内碰撞体制的流体作用模式及与成矿的关系——理论推导和东秦岭金矿床的研究结果.地学前缘, 3 (3/4)：282-289.

陈衍景.2002.中国区域成矿研究的若干问题及其与陆-陆碰撞的关系.地学前缘, 9：319-328

陈毓川.1997.矿床的成矿系列研究现状与趋势.地质与勘探, 33 (1)：21-25.

程裕淇, 沈永和, 张良臣, 等.1995.中国大陆的地质构造演化.中国区域地质, 4：289-294

董树文, 张岳桥, 陈宣华, 等.2008.晚侏罗世东亚多向汇聚构造体系的形成与变形特征.地球学报, 29 (3)：306-317.

高俊, 龙灵利, 钱青, 等.2006.南天山：晚古生代还是三叠纪碰撞造山带? 岩石学报, 22：1049-1061.

侯增谦.2010.大陆碰撞成矿论.地质学报, 84 (1)：30-58.

蒋少涌, 彭宁俊, 黄兰椿, 2015.赣北大湖塘矿集区超大型钨矿地质特征及成因探讨.岩石学报, 31 (3)：639-655.

蒋少涌, 孙岩, 孙明志, 等.2010.长江中下游成矿带九瑞矿集区叠合断裂系统和叠加成矿作用.岩石学报, 26 (9)：2751-2767.

黎彤，李峰 . 1991. 试论我国的大地化学背景 . 地质与勘探，27（2）：1-7.

秦克章 . 2000. 新疆北部中亚型造山与成矿作用 . 中国科学院研究生院（地质与地球物理研究所）博士学位论文 .

秦克章，夏代祥，李光明，等 . 2014. 西藏驱龙斑岩-矽卡岩铜钼矿床 . 北京：科学出版社 .

任纪舜，王作勋，陈炳蔚，等 . 1999. 从全球看中国大地构造——中国及邻区大地构造图简要说明 . 北京：地质出版社 .

涂光炽 . 1986. 论改造成矿兼评现行矿床成因分类中的弱点 . 地球化学文集 . 北京：科学出版社，1-17.

涂光炽 . 1999. 初议中亚成矿域 . 地质科学，34（4）：397-404.

王鸿祯，何国琦，张世红 . 2006. 中国与蒙古之地质 . 地学前缘，13（6）：1-13.

翟裕生 . 2004. 中国区域成矿特征及若干值得重视的成矿环境 . 中国地质：30（4），337-342.

张旗，王焰 . 2002. 埃达克岩的特征及其意义 . 地质通报，21：421-435.

张旗，秦克章，王元龙，等 . 2004. 加强埃达克岩研究，开创中国 Cu、Au 等找矿工作的新局面 . 岩石学，20：195-204.

Fan H R，Hu F F，Wilde S A，et al. 2011. The Qiyugou gold-bearing breccia pipes, Xiong'ershan region, central China：fluid inclusion and stable isotope evidence for an origin from magmatic fluids. International Geology Review，53（1）：25-45.

Gao J，Long L L，Klemd R，et al. 2009. Tectonic evolution of the South Tianshan Orogen, NW China：Geochemical and age constraints of granitoid rocks. International Journal of Earth Sciences，98：1221-1238.

Hou Z，Cook N J，2009. Metallogenesis of the Tibetan collisional orogen：A review and introduction to the special issue. Ore Geology Reviews，36：2-24.

Lin W，Faure M，Shi Y H，et al. 2009. Palaeozoic tectonics of the south-western Chinese Tianshan：new insights from a structural study of the high-pressure/low-temperature metamorphic belt. International Journal of Earth Sciences，98：1259-1274.

Oyarzun R，Márquez A，Lillo J，et al. 2001. Giant versus small porphyry copper deposits of Cenozoic age in northern Chile：adakitic versus normal calc-alkaline magmatism. Mineral Deposit，36：794-798.

Qian Q，Gao J，Klemd R，et al. 2009. Early Paleozoic tectonic evolution of the Chinese South Tianshan Orogen：constraints from SHRIMP zircon U-Pb geochronology and geochemistry of basaltic and dioritic rocks from Xiate，NW China. International Journal of Earth Sciences，98：551-569.

Qin K Z. 2012. Thematic Articles "Porphyry Cu-Au-Mo deposits in Tibet and Kazakhstan". Resource Geology，62，：1-3.

Qin K Z，Su B X，Patrick A S，et al. 2011. SIMS zircon U-Pb geochronology and Sr-Nd isotopes of Ni-Cu-bearing mafic-ultramafic intrusions in eastern Tianshan and Beishan in correlation with flood basalts in Tarim Basin（NW China）：Constraints on a ca. 280 Ma mantle plume. American Journal of Science，311（3）：237-260.

Qin K Z，Xiao W J，Zhang L C，et al. 2005. Eight stages of major ore deposits in northern Xinjiang，NW-China：Clues and constraints on the tectonic evolution and continental growth of Central Asia//Mao J W, Bierlein F. Mineral Deposit Research: Meeting the Global Challenge. Berlin, Heidelberg: Springer: 1327-1330.

Richards J. 2003. Tectono-magmatic precursors for porphyry Cu- (Mo-Au) deposit formation. Economic Geology, 98: 1515-1533.

Sengör A M C , Cin A, Rowley D B, et al. 1993. Space-time patterns of magmatism along the Tethysides-A preliminary study. Journal of Geology, 101: 51-84.

Shen P, Pan H D, Xiao W J, et al. 2013. Two geodynamic-metallogenic events in the Balkhash (Kazakhstan) and the West Junggar (China): Carboniferous porphyry Cu and Permian greisen W-Mo mineralization. International Geology Review, 55 (13): 1660-1687.

Sillitoe R H , 1972. A plate tectonic model for the origin of porphyry copper deposits. Economic Geology, 67: 184-197.

Thieblemon D , Stei G , Lescuyer J L. 1997. Epithermal and porphyry deposits: the adakite connection: Comptes Rendus De L Academie Des Sciences Serie Ii Fascicule a-Sciences De La Terre Et Des Planetes , 325: 103-109.

Xiao W J, Windley B F, Hao J, et al. 2003. Accretion leading to collision and the Permian Solonker suture, Inner Mongolia, China: Termination of the central Asian orogenic belt. Tectonics, 22 (6): 1069-1088.

Xiao W J, Zhang L C, Qin K Z, et al. 2004. Paleozoic accretionary and collisional tectonics of the eastern Tianshan (China): Implications for the continental growth of central Asia. American Journal of Sciences, 34 (4): 370-395.

Zeng Q D, Liu J M, Qin K Z, et al. 2013. Types, characteristics, and time-space distribution of molybdenum deposits in China. International Geology Review, 55 (11): 1311-1358.

Zhai M G, Santosh M. 2011. The early Precambrian odyssey of North China craton: A synoptic overview. Gondwana Research, 20: 6-25.

Zhang L C, Xiao W J, Qin K Z, et al. 2006. The adakite connection of the Tuwu-Yandong copper porphyry belt, eastern Tianshan, NW China: trace element and Sr-Nd-Pb isotope geochemistry. Mineralium Deposita, 41: 188-200.

第十二章
华南大面积低温成矿

第一节 引 言

华南陆块由扬子地块和华夏地块在新元古代时期碰撞拼贴而形成，在印支期通过印支运动而与华北地块和印支地块相连接。华南以中生代大爆发成矿著称于世，表现为在华夏地块的南岭地区发生与花岗岩浆活动有关的钨锡大规模成矿，而在地表基本无花岗岩浆活动的扬子地块西南缘则发生大面积低温成矿。

低温成矿域是指低温矿床（200～250℃以下形成的热液矿床）大面积密集成群产出的区域。虽然低温矿床在世界各地都有分布，但低温成矿域在世界上的分布则非常局限，目前主要见于美国中西部和我国西南地区。因此，即使就全球而言，在什么条件下才能形成低温成矿域，也是很具特色的重要科学问题。

在美国中西部，MVT 型铅锌矿床（产于碳酸盐岩地层断裂构造中的铅锌矿床）、卡林型金矿床（因 20 世纪 60 年代初期首先在美国内华达州的卡林镇发现而得名，是一种主要产于碳酸盐岩地层断裂构造中的微细浸染型金矿床）等低温矿床大面积密集成群产出，卡林型金矿的探明金储量已超过 5000 吨，是美国的主要矿产资源基地之一。在我国西南地区包括川、滇、黔、桂、湘等省区面积约 50 万平方千米的广大范围内，除产出大量卡林型金矿床和 MVT 型铅锌矿床外，锑、汞、砷等低温矿床也非常发育，且不少为大型-超大型矿床（图 12-1）。该区锑矿的储量占全球的 50%以上，金矿储量占全国的 10%以上，汞矿储量约占全国的 80%，同时还是我国铅锌矿的主要产区之一，显示大面积低温成矿的特点，构成华南低温成矿域。

20世纪70年代以来，随着华南低温成矿域中卡林型金矿的发现，人们对其中金、锑、汞、砷、铅、锌等低温矿床的成因和相互关系，进行了较系统的研究并取得重要认识。研究发现：①自古生代以来，该区长期处于较稳定状态，花岗岩浆活动非常微弱；②该区的低温矿床主要分布在三个矿集区，分别是川滇黔接壤区的 Pb-Zn-Ag 矿集区、右江盆地 Au-Sb-As-Hg 矿集区、湘中盆地 Sb-Au 矿集区；③矿体产出在沉积岩和变质岩地层中，明显受断裂构造控制（图 12-2），属后生矿床；④三个矿集区的成矿温度主要在 100～250℃，大多认为它们是由大气降水或盆地流体浸取地层中的成矿元素而成矿的；⑤这些铅锌矿和卡林型金矿的特征，分别与美国中西部广泛分布的 MVT 型铅锌矿和卡林型金矿具有相似性（Hu et al.，2002）。

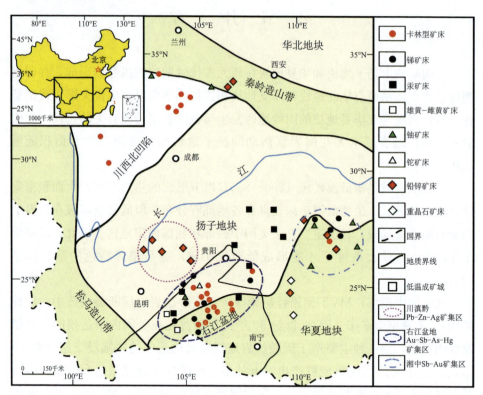

图 12-1　华南大面积低温成矿域矿床分布略图

资料来源：据 Hu 等（2002）修改

虽然取得了上述重要认识，但现有知识还无法合理解释华南低温成矿域的形成机制。还有较多重要科学问题没得到很好解决，比如低温矿床的成矿时

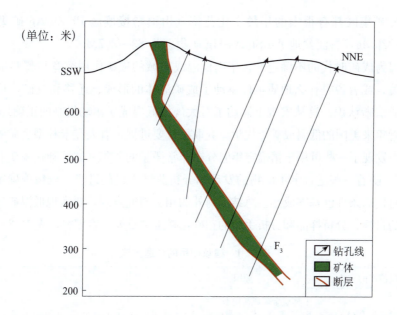

图 12-2　贵州烂泥沟金矿床剖面示意图（矿床受断裂构造控制）

资料来源：苏文超等（2015）

代、低温成矿的驱动机制、大面积低温成矿的物质基础、各类低温矿床的相互关系等。解决这些问题，不仅对建立大面积低温成矿的理论体系具有重要意义，同时也是提高低温矿床找矿效率的重要基础。

第二节　低温矿床的成矿时代

要建立成矿理论，一个很重要的方面是对矿床成矿时代的准确把握。但是，因为低温矿床矿物组成的固有特点，这些低温矿床究竟是什么时候形成的，一直悬而未决。这些低温矿床中，一般都缺少适合用放射性同位素方法来确定成矿年龄的矿物，这就给矿床的定年带来了很大难度。

实际上，前人曾用很多方法试图确定这些矿床的时代，主要包括石英裂变径迹法、黏土矿物和流体包裹体 Rb-Sr 等时线法、方解石 Sm-Nd 等时线法、闪锌矿和矿石 Rb-Sr 等时线法、硫化物矿物 Pb 模式年龄法、黄铁矿 Re-Os 等时线法和热液蚀变矿物绢云母^{40}Ar/^{39}Ar 法等。定年结果表明，除湘中盆地 Sb-Au 矿集区以锡矿山超大型锑矿床为代表的年龄数据较集中（约 155Ma）外，川滇黔接壤区的 Pb-Zn-Ag 矿集区和以卡林型金矿为代表的右江盆地 Au-Sb-

As-Hg 矿集区都有很大的年龄变化范围（川滇黔接壤区 Pb-Zn-Ag 矿集区为134～226Ma，右江盆地 Au-Sb-As-Hg 矿集区为 83～267Ma）。

因为成矿时代的不确定性，华南低温成矿域的成矿作用究竟与哪些地质事件有关，或者说是什么地质事件驱动了成矿流体的形成、迁移和成矿，目前远未形成清晰认识。这从宏观上制约了对大规模低温成矿驱动机制的正确理解。

近年来美国的低温成矿年代学研究取得重要进展。有人在卡林型金矿等低温矿床中发现了一些可用于精确定年但分布非常微量的矿物（如硫砷铊汞矿和冰长石等）。随着一些适合定年矿物的发现和分析测试手段的进步，较精确确定低温成矿时代的条件已基本成熟。总结国内外的相关研究发现，要实现低温矿床精确定年的目标，分析样品和分析手段的正确选择至关重要（表 12-1、表 12-2）。

表 12-1　建议使用的合适方法

建议使用的方法	原因	文献
硫砷铊汞矿 Rb-Sr 法	卡林型金矿成矿阶段矿物 Rb 含量高，Sr 含量极低 Rb/Sr 比值大	Tretbar et al.，2000；Arehart et al.，2003
冰长石^{40}Ar/^{39}Ar 法	卡林型金矿成矿阶段自生矿物含 K 高，易分选	Hall et al.，2000；Arehart et al.，2003
磷灰石裂变径迹法	含铀较高的矿物 封闭温度与低温矿床接近	Hofstra et al.，1999；Chakurian et al.，2003
闪锌矿 Rb-Sr 法	Rb 相对 Sr 优先进入闪锌矿 闪锌矿具有较高的 Rb/Sr	Christensen et al.，1995；Leach et al.，2001；Pannalal et al.，2004
方解石 Sm-Nd 法	REE 较高 Sm/Nd 比值大	Anglin et al.，1996；Kempe et al.，2001；Peng et al.，2003；Su et al.，2009

表 12-2　不建议（不适合）使用的方法

不建议使用的方法	原因	文献
石英裂变径迹法	铀含量低 自发裂变径迹密度低 铀元素分布不均	Tagami and O'Sullivan，2005
蚀变绢云母^{40}Ar/^{39}Ar 法 蚀变绢云母 Rb-Sr 法	低温下很难彻底改造原矿物 颗粒细不易分辨不同阶段的矿物 细小颗粒照射过程中要产生^{39}Ar	Arehart et al.，2003
流体包裹体 Rb-Sr 法	其中 Rb、Sr 含量极低	Kesler et al.，2005；Gu et al.，2012
硫化物矿物 Re-Os 法	其中 Re、Os 含量极低	Hofstra et al.，1999；Arehart et al.，2003
矿物 Pb 模式年龄	要假定初始铅	Hofstra et al.，1999

第三节　低温成矿的驱动机制

前已叙及，除我国华南外美国中西部的卡林型金矿和 MVT 铅锌矿等低温矿床亦十分发育。长期以来，其成矿时代和动力学背景也一直悬而未决。但近年来美国在低温成矿时代和动力学研究领域取得了重大进展，这些研究发现美国的卡林型金矿实际上形成于 42～36Ma 很短的时间区间内，与矿区深部隐伏中酸性岩体的时代相当，是深部岩浆活动驱动成矿流体（岩浆流体和大气成因流体）循环并浸取出岩石中的金而成矿的；美国的 MVT 铅锌矿形成于 350～380Ma 和～270Ma 两个时期，是两次造山运动驱动盆地流体大规模侧向运移导致成矿元素富集的结果。

如前所述，华南低温成矿时代目前远未得到很好确定。但是，最新的研究发现，如果从以往的测年数据中，去除非理想方法（表 12-2）的测年结果，极少量基本可信的年龄数据似乎表明，川滇黔接壤区 Pb-Zn-Ag 矿集区的成矿时代约为 225Ma，湘中盆地 Sb-Au 矿集区约为 155Ma，右江盆地 Au-Sb-As-Hg 矿集区小于 140Ma，集中在 80～100Ma。

紧邻华南低温成矿域东侧的南岭地区，以中生代与花岗岩浆活动有关的钨锡大规模成矿著称于世。钨锡矿床中的辉钼矿可用 Re-Os 法精确定年，花岗岩中的锆石可用 U-Pb 法精确定年。近年的研究表明，华南中生代的钨锡矿床和相关花岗岩主要形成于 200～230Ma、150～160Ma、80～100Ma 三个时期。其中，200～230Ma 和 150～160Ma 的钨锡矿床分布在南岭中段，分别与印支期挤压条件和燕山早期伸展条件下形成的花岗岩有关；80～100Ma 的钨锡矿床（如个旧锡多金属矿床等）分布在南岭西段的右江盆地 Au-Sb-As-Hg 矿集区周边地区，与燕山晚期伸展背景下形成的花岗岩有关（图 12-3）。

由此可见，华南低温成矿域各矿集区的成矿时代似乎分别与其东侧南岭地区钨锡大规模成矿的三个时期吻合并具有相似的动力学背景（图 12-4）：周缘印支期的挤压造山驱动了川滇黔接壤区 Pb-Zn-Ag 矿集区的形成，而燕山早、晚期岩石圈伸展背景下的两次（隐伏）花岗岩浆活动，则分别驱动了湘中盆地 Sb-Au 矿集区和右江盆地 Au-Sb-As-Hg 矿集区的形成。然而，图 12-4 中的各种关系仅仅是根据低温成矿极少量基本可信的年龄数据的推测。要确定低温成矿的动力学背景，还需要在系统确定低温成矿精细年代的基础上，深入研究壳幔深部过程和周缘构造活动与低温成矿的关系。

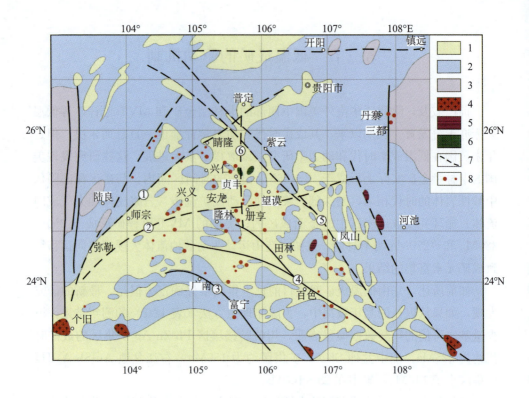

图 12-3　滇黔桂地区卡林型金矿地质略图

（80～100Ma 的钨锡矿床分布在右江盆地 Au-Sb-As-Hg 矿集区周边）

1. 三叠系；2. 古生界；3. 元古代-震旦系；4. 花岗岩；5. 超基性岩；6. 基性岩；7. 主干断裂；

8. 金矿床（点）

①弥勒-师宗断裂；②南盘江断裂；③文山-广南-富宁断裂；④右江断裂；⑤水城-紫云-巴马断裂；⑥普定-册亨断裂

资料来源：据苏文超等（2015）修改

　　事实上，尽管湘中盆地 Sb-Au 矿集区和右江盆地 Au-Sb-As-Hg 矿集区的中生代岩浆活动相对微弱，但是其周缘（或某些矿区）确有少量花岗岩、花岗斑岩和基性脉岩存在；遥感和地球物理资料亦显示，这两个矿集区之下可能有隐伏岩体存在。深入研究这些火成岩的时代、成因及其与成矿的关系，可能是揭示上述两个矿集区成矿驱动机制的关键所在。此外，可能形成于印支期（约225Ma）的川滇黔 Pb-Zn-Ag 矿集区，紧邻印支期松马造山带（印支地块与华南地块的结合带）东南侧分布，深入研究这一地区该期造山运动及其与成矿的关系，可能是深入认识川滇黔 Pb-Zn-Ag 矿集区成矿驱动机制的关键。

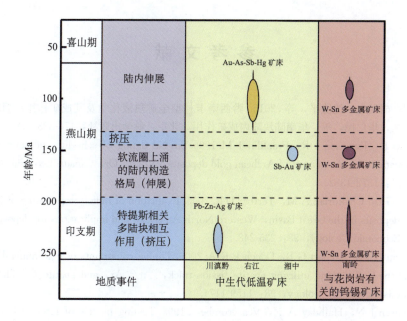

图 12-4　华南低温成矿和南岭地区钨锡大规模成矿时代和背景

资料来源：Hu 和 Zhou（2012）

第四节　大面积低温成矿的物质基础
和各类低温矿床的相互关系

　　矿床在地球的空间分布极不均匀。例如，在华南陆块探明的钨、锑储量占全球的 50％以上，在南非威特沃特斯兰德盆地中探明黄金储量约占全球的 40％。大面积低温成矿的表现也一样。几个很有意义的事实是：①就全球尺度而言，为什么低温成矿域只在我国华南和美国中西部出现，且中、美两个低温成矿域的矿床组合存在较大差异？②就华南低温成矿域尺度而言，三个矿集区的成矿元素组合有明显差异，控制元素"分区富集"的主要因素是什么？③就矿集区尺度而言，同一矿集区的不同低温矿床中，通常是"你中有我，我中有你"，各类矿床的相互关系怎样？对上述问题目前还知之甚少，这严重地制约了对大规模低温成矿过程的深入理解和成矿规律的正确认识。

参 考 文 献

苏文超，胡瑞忠，沈能平，等．2015.黔西南卡林型金矿热液化学及其成矿作用//胡瑞忠，毛景文，华仁民，等．华南陆块陆内成矿作用．北京：科学出版社：474-528

Anglin C D, Jonasson I R, Franklin J M. 1996. Sm-Nd dating of scheelite and tourmaline: Implications for the genesis of Archean gold deposits, Vol d' Or, Canada. Economic Geology, 91: 1372-1382.

Arehart G B, Chakurian A M, Tertbar D R. 2003. Evaluation of radioisotope dating of Carlin-type deposits in the Great Basin, Western North America, and implications for deposit genesis. Economic Geology, 98: 235-248.

Chakurian A M, Arehart G B, Donelick R A. 2003. Timing constraints of gold mineralization along the Carlin trend utilizing apatite fission-track, ^{40}Ar/^{39}Ar, and apatite (U-Th) /He methods. Economic Geology, 98: 1159-1171.

Christensen J N, Halliday A N, Vearncombe J. 1995. Testing models of large-scale crustal fluid flow using direct dating sulfides: Rb-Sr evidence for early dewatering and formation of MVT deposits, Canning Basin, Australia. Geology, 90: 877-884.

Gu X X, Zhang Y M, Li B H. 2012. Hydrocarbon-and ore-bearing basinal fluids: A possible link between gold mineralization and hydrocarbon accumulation in the Youjiang Basin, South China. Mineralium Deposita, 47: 663-682.

Hall C M, Kesler S E, Simon G. 2000. Overlapping Cretaceous and Eocene alteration, Twin Greeks Carlin-type deposits, Nevada. Economic Geology, 95: 1739-1752.

Hofstra A H, Snee L W, Rye R O. 1999. Age constraints on Jerritt Canyon and other Carlin-type gold deposits in the western United States: Relationship to mid-Tertiary extension and magmatism. Economic Geology, 94: 769-802.

Hu R Z, Su W C, Bi X W, et al. 2002. Geology and geochemistry of Carlin-type gold deposits in China. Mineralium Deposita, 37 (3/4): 378-392.

Hu R Z, Zhou M F. 2012. Multiple Mesozoic mineralization events in South China—An introduction to the thematic issue. Mineralium Deposita, 47: 579-588.

Kempe U, Ielyatsky B V, Krymsky R S. 2001. Sm-Nd and Sr isotope systematics of scheelite from the giant Au (-W) deposit MUruntau (Uzbekistan): Implications for the age and sources of Au mineralization. Mineralium Deposita, 36: 379-392.

Kesler S E, Riciputi L C, Ye Z J. 2005. Evidence for magmatic origin for Carlin-type gold deposita: Isotopic composition of sulfur in the Betze-Post-Screamer deposit, Nevada, USA. Mineralium Deposita, 40: 127-136.

Leach D L, Bradley D C, Lewchuk M T. 2001. Mississippi Valley-type lead-zink deposits through geological time: Implications from recent age-dating research. Mineralium Deposita, 36: 711-740.

Mao J W, Cheng Y B, Chen M H. 2013. Major types and time-space distribution of Mesozoic ore deposits in South China and their geodynamic settings. Mineralium Deposita, 48: 267-294.

Pannalal S J, Symons D T A, Sangster D F. 2004. Paleomagnetic dating of Upper Mississippi Valley zinc-lead mineralization, WI, USA. Journal of Applied Geophysics, 56: 135-153.

Peng J T, Hu R Z, Burnard P G. 2003. Samarium-Neodymium isotope systematics of hydro-thermal calcites from the Xikuangshan antimony deposit (Hunan, China): The potential of calcite as a geochronometer. Chemical Geology, 200: 129-136.

Su W C, Hu R Z, Bi X W. 2009. Calcite Sm-Nd isochron age of the Shuiyindong Carlin-type gold deposit, Guizhou, China. Chemical Geology, 258: 269-274.

Tagami T, O' Sullivan P B. 2005. Fundamentals of fission-track thermochronology. Reviews in Mineralogy and Geochemistry, 58: 19-47.

Tretbar D R, Arehart G B, Christensen J N. 2000. Dating gold deposition in a Carlin-type gold deposit using Rb/Sr methods on the mineral galkhaite. Geology, 28: 947-950.

第十三章
高原隆升与表生成矿作用

第一节 引 言

青藏高原是世界海拔最高的高原（图 13-1、图 13-2），亦称继北极、南极之后的地球"第三极"。高原主体在中国境内，西起帕米尔高原，东至西川盆地西缘，南为喜马拉雅山脉，北到祁连山、昆仑山及阿尔金山脉；高原内部为山岭与盆地交替，呈现出横跨六个纬度的盆-岭地貌格局。高原平均海拔 4000米以上，众多山峰海拔超过 6000 米，因此，由南向北，根据高程递减可划出

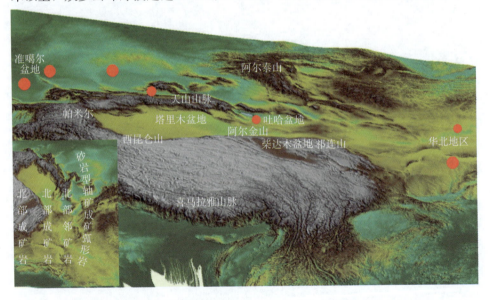

图 13-1　青藏高原及邻区三维地形地貌图及外生成矿带（红点为砂岩铀矿分布位置）

第一台阶（主体在西藏及青海南部）、第二台阶（主体柴达木盆地及周边）及第三台阶（即青藏高原北坡下的塔里木及敦煌地区）；高原内部湖泊（图 13-3）与水系发育，展示出"一望无际、广阔平坦"的地貌景观。

图 13-2　西藏高原南部现代景观图（李子颖航空拍摄）

图 13-3　美丽的西藏纳木错湖及雪山（姚福军摄）

20 世纪，国内外众多科学家（Tapponnier et al.，1982；Powell，1986；肖序常等，1988；钟大赉和丁林，1996；许志琴等，1996）探索了青藏高原隆升之谜，其共同的认识就是，印度板块向北俯冲到亚洲板块下部，继而引发陆陆碰撞，导致青藏高原隆升；碰撞作用导致南北向地壳缩减约 1500 千米；印度与亚洲碰撞事件起始于 55Ma（许志琴等，2011）。

青藏高原及邻区，由南向北气候带大致可以划分出：寒-旱气候，冷-旱气候，热-旱气候。科学家利用大气环流模式对有无青藏高原的条件进行了大气环流和气候变化模拟，指出没有青藏高原地形就没有亚洲季风，也没有现在的西伯利亚副高压和大片的内陆干旱区，因此，青藏高原对亚洲内陆和北非的干旱以及季风的形成具有决定性的作用。

青藏高原内及邻区盆地，沉积了丰富的钾、铀、锂、铯、硼、锶等矿产，它们属于中国战略性、特色的矿产资源。这些矿产在时空分布上有一定规律，成矿模式独具特色。例如，察尔汗和罗布泊钾盐矿已建成世界级规模的钾肥生产基地（图 13-4），近年已满足我国钾肥需求量的 50%。这些资源的开发不仅缓解了我国钾盐等紧缺态势，还对西部社会经济发展起到了积极的推动作用。

图 13-4　曾经的"死亡之海"罗布泊，其罗北钾矿已建成世界
最大钾肥硫酸钾生产基地（120 万吨/年）（陈永志摄）

　　同时，受青藏高原隆升作用的影响，在我国西部、西北部和中亚地区盆地中形成了上百个砂岩型铀矿床，探明资源量累积达到 100 万吨级，使中亚和我国西北部地区成为世界级砂岩铀矿集中区（图 13-1）。

　　铀是 1789 年由德国化学家马丁·克拉普罗特（M. H. Klaproth）发现的。在发现铀具放射性之前，由于其在氧化状态下具有鲜艳的颜色，曾被用作陶瓷玻璃染料，并用来制作颜色鲜艳的铀玻璃。后来发现铀具有放射性，由于其自发裂变产生能量，在 20 世纪前期被主要用于军事目的制造核武器原子弹（图 13-5）和航母或潜艇核动力，现在则更多地被和平利用，作为核电站发电的核燃料（图 13-6）。因此，铀资源既是国防战略资源，又是重要的核能源资源，特别是随着我国社会经济的发展和优化能源结构及 CO_2 减排的需要，发展核电是必然选择。而我国目前核电所占比例仅为 2％左右，与世界平均水平到 15％以上有较大差别，换句话说，我国核电发展的空间前景很大。规模化快速发展核电对铀资源提出了重大长远的需求。

图 13-5　1964 年 10 月我国成功爆破的第一颗原子弹蘑菇云（孟照瑞摄）

　　砂岩铀矿具有储量规模大、成本低和环境效益好的特点，它不仅是世界铀矿的主攻方向，也是我国的主要找矿目标类型。

图 13-6　我国核电发源地秦山核电站夜景照片

资料来源：http://baike.sogou.com/h99495.htm? sp=Sprev & sp=/103829333［2015-12-10］

第二节　特色战略盐类资源的成因

一、盐类资源的空间分布规律

青藏高原及邻区可以看作一个统一的巨大构造-地貌表生系统，该系统内孕育了丰富的盐类矿产资源；这些矿产总体分布有一定规律，可以划分为四个成矿带（图 13-1）。

（一）南部成矿带——"锂-铯-硼"成矿带

该成矿带位于高原第一台阶的西藏中南部。西藏高原盐湖分布广、数量多，形成了众多富含锂、硼、铯等稀有元素的盐湖矿床。其中，锂矿在化学类型上有碳酸盐型和硫酸盐型；硼矿从物质形态上分为固相和液相硼矿；铯矿为液相矿床，均为与锂、硼等元素共生的矿床。

（二）北部成矿带——"钾-锶-硼-锂"成矿带

北部成矿带处于高原第二台阶，即柴达木盆地及其周边山间盆地，沉积了众多的钾、锶、锂及硼矿等。柴达木盐湖矿床多属于液体矿，钾盐矿物主要是光卤石（图 13-7），其次为钾石盐等。盆地东部的察尔汗钾盐矿床是我国最大的钾盐矿及生产基地；中部的一里坪蕴藏着超大型的盐湖锂矿，北部产有一个大型锶矿，等等。

图 13-7　柴达木盐田光卤石盐花（陈永志摄）
（a）正在生长的光卤石盐花球；（b）"塔状"光卤石晶族；（c）光卤石盐花

（三）北缘成矿带——"硫酸钾"成矿带

该成矿带位于青藏高原北缘坡脚下的"第三台阶"，涵盖塔里木盆地东部的罗布泊地区及敦煌盆地等。罗布泊蕴藏有超大型的硫酸盐型钾盐矿，该矿床独具特色，即沉积世界罕见的巨量钙芒硝沉积，富钾卤水矿存储于钙芒硝岩中（王弭力等，2001），相比一般盐湖演化到第三阶段（石盐沉积）成钾，其具有成矿的"超前性"。

（四）北缘邻区成矿带——"硝酸钾-钠"成矿带

该成矿带包含东天山及吐哈盆地，沉积有特色的硝酸盐（钾钠）资源。这类盐湖矿床主要分布在东天山上小洼地及吐哈盆地中的艾丁湖等盐湖中，构成了一个区域性的硝酸盐成矿带。

二、高原隆升的表生成矿效应

（一）成矿物质来源

成矿物质主要有三类来源：青藏高原新生代岩浆侵入及火山喷发活跃，形成大量的温热泉水；盆地断裂活动带来或形成深层卤水（古封存卤水）及循环卤水（冷盐泉）；盆地流域内出露的花岗岩和古代含盐系等风化产物。温泉水主要带来深部的锂、铯、硼等元素，深部卤水带来钾及锶，风化作用带来钾等。

（二）矿物质聚集成矿场所

由于印度板块向欧亚大陆俯冲与碰撞，导致高原面上发育断陷作用，形成"高山浅盆"；柴达木和塔里木陆块，因周边的昆仑山、阿尔金山、天山快速隆升，形成了"高山深盆"的地貌环境（袁见齐等，1983）。大型盆地内部因构造分隔，形成更次级的凹地，即盐类聚集的成矿空间。

（三）特色盐类成矿过程与模式

在青藏高原构造－地貌系统范围内，从南向北，因气候、构造及物源依次发生变化，出现以下几种成矿模式（图13-8）。

1. "高山浅盆-热泉补给"成矿

在高原内部，因受印度板块碰撞挤压，产生了南北向张性地堑，形成沿断裂分布的一些断陷浅盆。同时伴有深部钙碱性岩浆岩和/或加厚的下地壳重熔浅色花岗岩的侵入与喷发，形成大量富含锂、铯、硼、铷的热泉水补给湖水，经蒸发浓缩形成锂铯硼矿（郑绵平等，1995；赵元艺等，2010）。

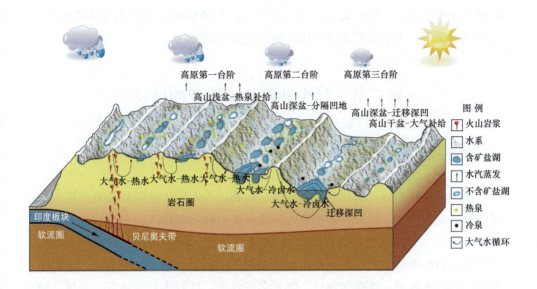

图 13-8 青藏高原隆升背景下大陆表生盐类成矿综合示意图

2. "高山深盆-分隔凹地"成矿

柴达木盆地是典型的"高山深盆",因为高山阻隔大洋水汽的到达,致使盆地降雨稀少而变得更加干旱;构造运动将其分隔形成多个次级盐湖盆地,卤水蒸发浓缩形成多个钾盐矿等。东部察尔汗盐湖,除地表水,还受到深部氯化物型卤水补给,形成了超大型氯化物型钾盐矿床;中部一里坪盐湖,受到昆山区的热泉水补给,形成富钾硼的大型锂矿;北部及西部盐湖形成多个大型硫酸盐型钾矿;北部一些盐湖,因受到深部富锶卤水的补给而形成锶矿。

3. "高山深盆-迁移深凹"成矿

塔里木盆地亦是典型的"高山深盆"环境。由于印度板块碰撞的远程效应影响,新近纪时期,塔里木西部大幅抬升,东部沉降形成罗布泊凹陷;晚更新世时期,罗布泊进一步分隔,形成更次级的"深凹",卤水迁移至"深凹"成矿(Wang et al.,2005)。因为地表水体富钾、硫酸根,气候极端干热,卤水蒸发沉积巨量钙芒硝后,在次级"深凹"(罗北凹地)形成超大型硫酸盐型钾盐矿床。

4. "高山干盆-大气补给"成矿

东天山及吐哈盆地,亦受板块碰撞及高原隆升远程效应影响,形成了"高山深盆"环境,亦干旱少雨,基本属于"干盆"。因为大气光化学作用产生硝酸根（陈永志等，2009；Qin et al.，2013），并经暂时性地表水带入洼地内，气候极端干旱，卤水强烈蒸发作用沉积硝酸钠-硝酸钾矿。

第三节　外生砂岩铀矿资源的形成

一、时空分布

因印度板块与欧亚板块碰撞远程效应影响，天山发生强烈的隆升并产生推覆冲断和走滑构造，形成并影响着天山及分支山脉之间构成的一系列中新生代盆地（图 13-1）（陈祖伊等，2013），如中亚的楚-萨雷苏盆地、锡尔河盆地、中央克兹尔库姆隆起带上的山间盆地群和我国的伊犁盆地、吐哈盆地、塔里木盆地、柴达木盆地、准噶尔盆地、鄂尔多斯盆地、巴丹吉林盆地等。上述盆地大致分为两个类型：①稳定的前中生代基底海相或陆相盆地，如中亚哈萨克斯坦境内的楚－萨雷苏和锡尔河盆地等；②隆起的古生代基底山间盆地，如发育在天山主山脉隆起带上的伊犁盆地、吐哈盆地等。这两类盆地都产出许多砂岩铀矿，但第一类盆地形成的砂岩铀矿要比第二类规模大，使这些盆地区成为世界著名的砂岩铀矿集区。

新生代以来，印度板块与欧亚板块开始直接碰撞，青藏高原多阶段、多层次的隆升演化过程使中亚和我国西北部盆地进入一个新的发展阶段。青藏高原的碰撞隆升期次与盆地中铀成矿作用具有时间上的协和性（表 13-1），矿化时代主要是渐新世、中新世和上新世，总体上铀矿化发生在青藏高原碰撞的晚或后阶段，但铀矿化层位在中亚盆地主要是上白垩统，而在中国的西北部盆地主要是中下侏罗统，成岩与成矿具有较大的时差，是较典型的后生和表生成矿作用所致。

二、表生砂岩铀成矿作用

（一）成矿物质来源

砂岩铀矿铀的来源有三个方面：①盆地蚀源区含铀或富铀岩石，特别是前中生代或中生代早期酸性侵入岩体；②含矿层本身，对于发育区域性大规模的层间氧化的含矿层，其往往是成矿铀的主要来源；③盆地在成岩挤压过程中渗出流体，包括油气流体提供部分成矿铀源。

表13-1 青藏高原隆升期次与相关盆地铀矿化期次对比

代	纪	世	年龄/Ma	青藏高原隆升期次	青藏高原碰撞造山成矿期次	伊犁盆地铀矿化期次	吐哈盆地铀矿化期次	中亚各盆地铀矿化期次		
								楚—萨雷苏	锡尔河	中央克兹尔库姆
新生代	第四纪	更新世·全新世		第四阶段	后碰撞阶段					
	新近纪	上新世	10	第三阶段						
		中新世	20	第二阶段	晚碰撞阶段					
	古近纪	渐新世	30							
		始新世	40	第一阶段	同碰撞阶段					
			50							
		古新世	60							

（二）成矿机理和条件

砂岩铀矿形成的基本原理是氧化还原作用，铀在氧化的条件下，由四价铀变成可溶于水的六价的铀酰化合物（通常是碳酸铀酰）进行迁移；在迁移到合适的空间，在有机质、黄铁矿等还原剂作用下或在有沟通深部的断裂作用下，在含矿层部位形成还原地球化学障，铀被再还原成难溶的四价铀化合物沉淀，部分铀被黏土类矿物吸附沉淀，从而不断聚集成矿（图 13-9）。因此，砂岩铀矿的形成条件主要是：①构造上较稳定的斜坡带；②建造上含矿层具有良好的泥-砂-泥结构，含有机质和富铀，倾角适中；③良好的补-泾-排水动力条件。

（三）青藏高原隆升对砂岩铀成矿影响

青藏高原的碰撞隆升造成我国西部和中亚盆山格局，对盆地沉积建造、水动力和气候条件的改变及油气流体的运移产生重大影响。在这一过程中形成砂岩铀矿，后期的构造活动对先期形成的砂岩铀矿产生再改造或破坏。总的来说，青藏高原的碰撞隆升对形成砂岩铀矿的作用和影响包括以下几方面。

（1）对盆地产生不同程度的沉降和隆升，形成新的新生代沉积建造或产生剥蚀与沉积间断，前者对铀矿有可能形成新的含矿层，而后者主要有利于铀的活化迁移或对先前形成的砂岩铀矿产生改造。隆升的山脉，特别是其中富铀的岩石可为砂岩铀矿的形成提供较丰富的铀源。

（2）盆地边缘会发生掀斜形成稳定的构造斜坡带，为砂岩铀矿的形成创造了良好的水动力条件，含氧含铀水可不断渗入；同时也可形成断裂构造，它一方面起着地下水排泄的作用，另一方面也是深部还原剂向上迁移的通道（图13-9）。

（3）青藏高原的隆升导致我国西北部和中亚地区干旱和半干旱的气候条件，有利于铀矿的形成；同时在这一条件下，由于蒸发作用可形成钙结岩和膏结岩型铀矿化以及铀在盐湖中的富集。在表生氧化条件下，铀也可形成稳定的次生铀矿物（图 13-10、图 13-11）。

在隆升挤压的条件下，盆地部分抬升减压，使深部形成的油气向抬升减压的方向运移，同时油气的作用对砂岩铀矿的形成会产生重要的改造作用，主要表现在三个方面：①沿断裂向上迁移，在含矿层部位形成地球化学还原障，为铀沉淀富集创造条件；②产生油气二次再还原作用，一方面对已形成的砂岩铀矿形成保护，另一方面使已氧化砂体再还原，也使二次成矿成为可能，如鄂尔多斯盆地东北部砂岩铀矿形成后，油气的二次还原作用使古氧化黄色砂岩变成灰绿色砂岩（图13-9），这一本质现象的揭示对砂岩铀矿的勘查发挥了重要的指导作用；③为铀成矿提供部分铀源（李子颖等，2007；Li et al.，2007，2008）。我国西北部和中亚很多盆地既是产油气盆地，也是富煤盆地，同时也是重要的产铀盆地，油气与有些砂岩铀矿具有明显的成因关系，如产在塔里木盆地西缘的巴什布拉克矿床。

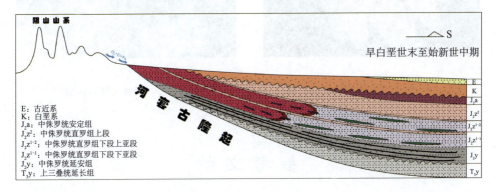

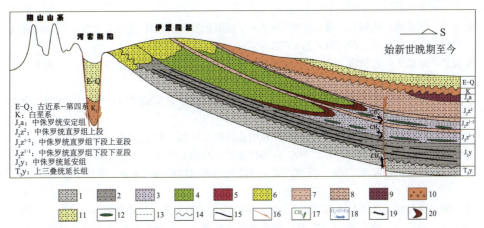

图 13-9 鄂尔多斯盆地北部砂岩成矿模式图

1. 浅灰色砂泥岩互层；2. 暗灰色泥岩；3. 灰色砂岩；4. 绿色砂岩；5. 紫红色、褐红色砂岩；6. 黄色砂岩；7. 杂色泥岩；8. 杂色泥岩夹砂岩；9. 紫红色砂岩；10. 砖红色砂砾岩；11. 浅黄色砂岩；12. 原生绿色砂岩；13. 平行不整合；14. 角度不整合；15. 煤层；16. 断层；17. 油气；18. 含氧含铀水；19. Si 的带出；20. 铀矿体

图 13-10　在云南发现的盈江铀矿照片　　　　　图 13-11　铜铀云母晶体照片

参 考 文 献

陈永志，刘成林，焦鹏程，等 . 2009. 新疆干旱区沉积物金属催化-光化学反应生成硝酸盐试验研究 . 矿床地质，28（5）：713-717.

陈祖伊，陈戴生，古抗衡 . 2013. 中国铀矿床研究评价——砂岩型铀矿床（上、下册）. 北京：中国核工业地质局，核工业北京地质研究院 .

李子颖，方锡珩，陈安平，等 . 2007. 鄂尔多斯盆地北部砂岩型铀矿目标层灰绿色砂岩成因 . 中国科学：D 辑，37（A01）：139-146.

王弭力，刘成林，焦鹏程，等 . 2001. 罗布泊盐湖钾盐资源 . 北京：地质出版社 .

肖序常，李廷栋，李光岑，等 . 1988. 喜马拉雅岩石圈构造演化 . 北京：地质出版社 .

许志琴，姜枚，杨经绥 . 1996. 青藏高原北部隆升的深部构造物理作业 . 地质学报，70（3）：195-206.

许志琴，杨经绥，李海兵，等 . 2011. 印度-亚洲碰撞大地构造 . 地质学报，85（1）：1-33.

袁见齐，霍承禹，蔡克勤 . 1983. 高山深盆的成盐环境——一种新的成盐模式的剖析 . 地质论评，29（2）：159-165.

赵元艺，赵希涛，李振清，等 . 2010. 西藏第四纪泉水活动与铯的成矿效应 . 北京：地质出版社 .

郑绵平，王秋霞，多吉，等 . 1995. 水热成矿新类型——西藏铯硅华矿床 . 北京：地质出版社 .

钟大赉，丁林 . 1996. 青藏高原的隆起过程及其机制探讨 . 中国科学（D 辑），26（4）：289-295.

Li Z Y，Fang X H，Chen A P. 2007. Origin of gray-green sandstone in ore bed of sandstone type uranium deposit in North Ordos Basin. Science in China，Series D：Earth Science，50（Supp. Ⅱ）：165-173.

Li Z Y，Chen A P，Fang X H，et al. 2008. Origin and superposition metallogenic model of the sandstone-type uranium deposit in the Northeastern Ordos Basin, China. Acta Geologica Sinica, 82 (4): 745-749.

Powell C M. 1986. Continental underplating model for the rise of the Tibetan Plateau. Earth and Planetary Science Letters, 81: 79-94.

Qin Y, Li Y H, Bao H M, et al. 2013. Massive atmospheric nitrate accumulation in a continental interior desert, northwestern China. Geology, 40 (7): 623-626.

Tapponnier P, Peltzer G, Le Dain A Y, et al. 1982. Propagating extrusion tectonics in Asia: New insights from simple experiments with plasticine. Geology, 10 (12): 611-616.

Wang M L, Liu C L, Jiao P C, et al. 2005. Minerogenic theory of the superlarge Lop Nur potash deposit, Xinjiang, China. Acta Geologica Sinica, 79 (1): 53-65.

第十四章
针对中国大陆成矿特色的研究对策

根据前述各章的论述可以看出，中国大陆成矿具有非常鲜明的特色，未来研究需要紧紧围绕这些特色进一步深化，在各个特色领域抓住关键科学问题和研究方向，持续深入地开展研究，力求获得突破。总结已有的研究成果并展望未来，我国学者有可能在以下各个方面获得研究上的进展与突破。

第一节　元古宙成矿

（1）重大地质事件的客观性和准确性。包括重大地质事件的性质、起止时间、影响区域，特别是判定事件属性的指标体系的科学性、有效性和不统一性。目前，不同学者对同一地质体属性的认识往往存在分歧、莫衷一是，一方面严重制约成矿规律的认识，另一方面也显示了研究思路和方法的缺陷。例如，我国古元古代末期的熊耳群火山岩建造，存在大陆裂谷、地幔柱、岩浆弧、后碰撞或滞后性岩浆弧等多种解释。

（2）成矿暴贫暴富现象的客观性。作为成矿学研究的切入点，暴贫暴富现象的客观性对于成矿研究创新的影响不言而喻。目前，关于成矿暴贫暴富现象的认识总体属于定性判断，尚需要准确的定量统计数据支撑；而且，各地区找矿勘查程度不同，进展速度各异，也制约着所揭示暴贫暴富现象的客观性。例如，几年前学者们普遍认为中国缺乏500吨以上的金矿床，近期实施的超深钻探工程证明了500吨以上规模的金矿存在，而且单位体积矿化程度不亚于世界著名矿田。再如，长期认为中国缺乏苏必利尔湖型BIF，最新研究显示霍邱和袁家村铁矿属于此类。

（3）成矿暴贫暴富与重大地质事件时空耦合的机理。目前，很多学者倾向于以"年龄一致"作为成矿与地质事件有关的判定依据，然后套用已有成矿模式予以成因解释。其实，这只是认识成矿机理的开始，更应该基于此开展更细致的矿床地质地球化学解剖，用现代物理化学知识（含实验模拟）认识地质事件过程中某种元素为何成矿，如何成矿，何处成矿，何时成矿，成何种矿床等问题。例如，为什么苏必利尔湖型 BIF 的规模和经济价值远大于阿尔戈马型，而华北克拉通却恰恰相反？

（4）成矿物质巨量迁移聚集的机理。这始终是成矿理论研究的核心问题。只有依据矿区或矿田地质条件的详细调查和深入分析，方可破解同一地质事件中成矿作用的区域不均一性，即空间上的成矿暴贫暴富现象。例如，关于白云鄂博矿床巨量稀土元素聚集的问题，已有观点几乎囊括了人类所能想象到的可能性，仍然无法说明为什么有些碳酸岩脉不含矿，也并非所有 H8 的发育区都含矿。

（5）大氧化事件的过程细节和元素富集。虽然关于古元古代环境变化研究的历史悠久，但学术思路从渐变转变为突变，提出 GOE 概念，并成为国际研究热点，只是最近 30 年的事情，可谓方兴未艾。因此，研究工作不断突破，逐步得到更多关注和重视，可以期待更多更大的创新。

第二节　陆壳再造与成矿大爆发

陆壳再造与燕山期成矿大爆发是中国东部地质演化与成矿的特色，具有十分重要的研究意义，仍有许多重要的科学问题等待人们去研究和破解。

近期内应关注的重要科学问题有：中国东部燕山期构造－岩浆作用的形成机制；陆壳再造过程中金属元素超常富集机理，超大型矿床形成的背景和全球对比研究；大规模成矿作用爆发与流体成矿系统动力学，特别是深部流体成矿作用和地球内部流体成矿作用动力学研究；巨量金属成矿作用的地球化学动力学及地球化学热力学研究；等等。

在研究思路上，应将陆壳再造与燕山期成矿大爆发研究纳入地球系统演化研究之中，将成矿大爆发事件作为一类特殊的具有重大经济价值的地质作用过程来对待。地球系统科学的建立和发展，对地球科学的各个学科方向均有深刻影响。矿床是成矿元素通过地质作用聚集达到具有经济开采价值的产物，因此将矿床的形成过程纳入复杂的地球系统，将其作为一类特殊的地质事件来加以研究，是该学科发展的必然方向。地球各层圈之间的相互作用与成矿作用关系密切。研究表明，地壳与地幔之间、地壳表层与大气圈和水圈之间存在多种形式的复杂的物质和能量的交换和再分配，前者控制了岩浆与热液矿床的形成，后者制约着沉积和风化矿床的形成。近年来，许多学者十分关注地壳和地幔的相互作用及其与成矿的关系，提出壳幔相互作用在许多大型和超大型矿床和重要成矿区带的形成中具有重要意义。对地壳物质再循环形成的矿床，如许多与花岗岩有关的锡钨矿床，地幔物质对成矿亦有重要贡献。

一方面，成矿大爆发事件形成的动力学背景以及成矿作用与重大地质事件的耦合关系的研究无疑是值得进一步关注的。另一方面，应更加注重对巨量金属运移与堆积成矿过程的精细刻画。长期以来，矿床学关注的焦点是成矿作用的始、终态，对成矿过程及其驱动力的研究较为薄弱。近年来，以实验为手段，逐渐注重研究各种地质作用过程中元素活化、迁移和沉淀的物理化学条件，注重模拟实验研究与热力学和计算地球化学研究结合，定量表达各种成矿地球化学过程。将非线性科学和化学动力学理论引入成矿过程研究，定量表达成矿系统的结构特征以及与成矿作用有关的各种化学反应的机制和速率。微区和微量分析测试技术的进步，使得对整个成矿过程不同阶段产物的元素和同位素组成的原位测定成为可能，为较精细地了解成矿流体组成和成矿过程不同演化阶段的特征提供了前提，同时也就为精细地刻画成矿过程，建立合理的成矿模型提供了条件。

虽然华南的成矿大爆发产生在燕山期，但不同期次花岗岩的演化对燕山期成矿有没有作用，有多大作用仍是一个存在争议的问题，值得进一步重视。例如，华南加里东期花岗岩也是华南大花岗岩省的重要组成部分，其在强度和广度上仅次于燕山期花岗岩。早期的研究认为加里东期花岗岩一般不成矿。近年来的初步研究成果表明，华南加里东期花岗岩类与该地区钨锡等金属大规模成矿作用之间也有相当密切的关系。例如，某些演化比较充分的加里东花岗岩可能在晚阶段直接形成矿床，某些加里东期花岗岩可能为该地区较晚期的成矿作用提供部分成矿物质来源。华南从加里东期开始进入陆内演化阶段，加里东期花岗岩类开启了以地壳物质重熔为主的华南大花岗岩省形成和发展的重要一幕，而多旋回花岗岩浆活动及其演化则使钨锡等金属元素在燕山期花岗岩中高度富集，标志着华南陆壳进入成熟阶段，并最终导致了华南地区举世瞩目的燕山期大规模成矿作用。因而有学者指出，华南不同时代含钨锡花岗岩的成矿特征、华南含矿长英质岩脉与岩浆演化关系、华南花岗岩穹窿与成矿关系等应该是今后南华南成矿研究中需要重点关注的科学问题。

第三节 多块体拼合造山成矿

我国特色的多块体拼合成矿具有非常重要的特色，这也决定了今后的主要研究方向。

(1) 中国大陆地壳是在塔里木、华北、扬子古陆块基础上增生起来的，以古老的陆块为核心，经历了陆核孕育、陆块形成、陆块发展、陆内造山等复杂的多期次的演化阶段，古亚洲洋的复杂增生、青藏地区的板块碰撞和高原隆起、滨太平洋地带强烈的陆内造山等地质事件，以不同时代的增生造山带为边缘，向外逐渐增生和发展，从而导致了火山岩、岩浆岩类、沉积岩系及有关类型大型矿床在空间上向板块边缘推移，在时间上越来越新。前寒武纪矿床主要集中在相对稳定的中朝地台（铁岭隆起、中条隆起、内蒙地轴、鲁东台隆）和扬子地台（康滇地轴）上。前者成矿较早（太古代至中元古代），后者成矿较晚（早元古代至中晚元古代）。晚古生代成矿作用则移至内蒙-大兴安岭造山带、康滇地轴、下扬子拗陷带和华南造山带。中、新生代成矿作用主要集中在中国东部环太平洋成矿域及受其影响的外带，包括扬子地台的下扬子拗陷带、江南地轴、康滇地轴、滇东拗陷带，中朝地台上的辽东台隆、鲁东台隆，华南造山带和额尔古纳地块等，以及特提斯成矿域上的三江、冈底斯、班怒带。因此，我国大型矿床多出现在地台边缘、增生造山带边缘和陆内断裂拗陷带边缘，它们均处在隆、拗构造衔接部位。

(2) 中国陆壳质量地台区占 29.7%，其余为增生造山带区，而全球陆壳则相反，地台区占 69.6%。由于中国陆壳面积地台区所占比例很小，陆壳固化时间较世界其他地台、地盾区要晚 500~1000Ma，并且地壳运动频繁而又比较强烈，太古界面积甚小且支离破碎。中国前寒武系岩石出露面积近 80 万平方千米，约占全国陆地面积的 7%，且太古代连续出露面积一般小于 1 万平方千米；而加拿大地盾太古代连续出露面积数十万到百万平方千米。因此难以形成美国、加拿大、澳大利亚的 BIF 富铁矿床，像加拿大地盾上的太古宙-古元古代火山岩块状硫化物型巨型铜带在我国出现的可能性不大。加之地台比较不稳定，导致长期隆起剥蚀和长期稳定海盆聚矿条件不理想。因此不具备形成像中元古代中非铜带那样的稳定海盆聚矿环境，难以找到与中、新元古代内克拉通裂谷有关的扎伊尔-赞比亚巨型规模的铜矿。

(3) 中国地史早期成矿作用相对较单一，随着地壳演化成矿作用和矿床类型越来越多样化。地史早期阶段占优势的是玄武岩浆、海相沉积变质作用，晚期占优势的是花岗质岩浆活动和陆相沉积作用，因而分别形成与其有关的矿床类型。大型金属矿床可分六大成矿期，以中生代最重要，次为晚古生代、中元古代；整个地史中，燕山期成矿作用具有特殊的重要意义。

（4）我国地质构造复杂，成矿条件多样，因此矿床类型比较齐全。就铜矿而言，以斑岩型最为重要，其次为海相沉积岩块状硫化物型、矽卡岩型、海相火山岩块状硫化物型、镁铁质-超镁铁质岩铜镍型和海相沉积（变质）岩型。寻找斑岩铜矿远景区的空间广阔，其中特提斯成矿域将是首选地区，尤其是昆仑岛弧带、班公湖-怒江带、晚三叠世义敦岛弧带和冈底斯成矿带，潜力巨大；其次是古亚洲成矿域的天山-兴蒙古岩浆弧，是寻找大型斑岩铜矿的有利地区。

（5）由于克拉通的减薄与破坏、造山带干涉叠加，东部地区与花岗岩有关的钨、锡、钼矿是我国最大成矿特色，叠加改造成矿、"大器晚成"成矿特色鲜明，相应还会有新的发现。对其富集机理的揭示必将对世界地球科学做出新的贡献。

第四节　地幔柱成矿

地幔柱成矿的机制依然是当前和未来研究的重点。目前的研究已经获得了以下主要认识：地幔柱活动会导致短时间内巨量的幔源玄武岩浆进入地壳，为大规模的铜镍铂族元素硫化物矿床或铬钒钛铁氧化物矿床提供重要的物质前提。地壳硫的混入会导致硫化物熔离-聚集-成矿，少量硫化物熔离有利于形成铂族元素矿床，大量硫化物熔离则形成铜镍铂族元素矿床，二次硫化物熔离形成铜镍矿床。富铁钛基性岩浆是磁铁矿较早结晶-堆积形成钒钛磁铁矿矿床的先决条件，铁钛氧化物在岩浆流动过程中的重力分选是形成钒钛磁铁矿矿层的物理机制，合适的化学条件和恰到好处的物理机制的耦合是导致成矿的关键，但具体矿床的成因模式存在差异。显然，对于地幔柱成矿机制的进一步研究将有助于解释当前所面临的理论难点和完善成矿模式。

第五节　华南低温成矿

华南大规模低温成矿在全球极富特色。以往的研究取得了重要进展。但是，对低温成矿的时代、低温成矿的驱动机制、低温成矿的物质基础和各类低温矿床之间的相互关系等关键科学问题，目前还远未形成清晰认识。这制约了华南大规模低温成矿理论的建立和相应的找矿勘查工作。因此，加强对这些关键科学问题的研究，具有重要的理论和实际意义。

第六节　高原隆升与表生成矿作用

大陆地球表生或外生成矿主要包括盐类沉积矿产、能源矿产（含铀矿）、沉积型金属矿产及其他非金属矿等。它们的形成都有一些共性，即与盆地、水流体及有机沉积物密切相关，其中，盆地为储矿空间、水流体是成矿载体、有机物形成地球化学障等。表生或外生成矿未来的研究重点可能是：

（1）大陆表生卤水流体的起源、循环机制、改造-变质及其控制因素；沉积建造-动力构造-卤水流体的耦合作用；盆山耦合与砂岩铀矿的形成。

（2）表生系统中流体（咸水或卤水）、微生物及有机物质（油气）之间的关系及其对外生铀矿与金属矿形成的控制影响。

（3）地球表生系统中盐类矿、砂岩型铀矿、沉积金属矿产及其他非金属矿等成矿规律的内在关系机制；成矿要素的综合集成综合和耦合的定量化研究；表生复合型矿床成矿规律（同一矿床内多种有益元素含量达工业品位）。

（4）矿物流体包裹体化学组成的定量化分析，反演流体起源、化学组成特征与水化学体系，阐明表生沉积环境演变及外生成矿规律。

（5）表生系统卤水流体形成与沉积成矿的年代学，开放体系中砂岩铀矿的定年技术。

第十五章
矿床学学科的未来发展方向

第一节 我国矿床学的发展目标

充分考虑我国地质背景和成矿作用的复杂性和独特性，我国矿床学学科的发展目标包括如下几个方面。

（1）充分发挥我国复杂成矿地质背景和多期次多类型成矿作用的特殊性和优势，针对特提斯构造成矿域、中亚构造成矿域和环太平洋构造成矿域，以及这三大构造成矿域的交叉复合部位开展研究，剖析不同类型的成矿系统，提出和发展成矿理论，特别是深化和完善碰撞造山成矿理论、远离造山带的大面积低温分散元素成矿理论、峨眉山-塔里木地幔柱型 Ti-V-Fe 矿和 Cu-Ni 矿床理论、元古代裂谷型 REE-Nb-Fe、Pb-Zn-Cu、Mg-B 矿床成矿理论、大花岗岩省多金属矿床成矿理论、中生代克拉通破坏型金矿床成矿理论、高原隆升与表生成矿作用理论等。

（2）以重大科学问题为导向，瞄准矿床学国际前沿，建立和完善矿床学交叉学科体系，带动传统学科发展，缩小与世界发达国家的差距。近期内应重点关注的科学问题有：金属元素超常富集成矿机理；超大型矿床形成的地球化学背景和全球对比；突发地质事件或地质过程突变与大规模成矿作用的耦合机理；地球动力学演化、大规模成矿作用与大型矿集区形成的背景、机制和关键控制因素；流体成矿系统与成矿作用，特别是深部流体成矿作用和地球内部流体成矿作用动力学；金属成矿作用的地球化学动力学及地球化学热力学；成矿体系演化及时空结构、全球成矿体系、成矿系统动力学、成矿谱系与成矿多样性、构造体制和流体运移对矿床规模及品位的控制等。

（3）树立"学术引领、技术先行"的观念，开发和完善矿床学研究的新技术新方法，特别要开展成矿物质和成矿流体来源与演化示踪的元素和同位素分析新技术新方法研究，开发矿石矿物或与矿石沉淀关系密切的脉石矿物同位素定年新方法。加强成矿作用实验和理论模拟计算，研究主要成矿元素的地球化学性状及其迁移搬运与沉淀机理，揭示成矿元素巨量堆积成矿机理。

（4）加强国际合作。一方面，应走出国门，放眼全球，对世界上各类重要的典型成矿作用进行研究，近期内可重点加强我国重要大型、超大型矿床与国外同类型矿床的对比研究，如以岩浆铜镍硫化物矿床、斑岩型铜钼金矿床、铁氧化物型铜–金–（铀）矿床、块状硫化物矿床、造山型金矿床、卡林型金矿床等为重点；另一方面，应吸引更多的国际研究机构和国际知名学者对中国特色的成矿作用开展研究，通过全球对比，系统总结中国特色成矿作用的成矿模型和成矿规律，扩大中国矿床学研究成果的国际影响。

（5）用成矿理论指导找矿实践。随着找矿工作的深入，地表矿和易发现矿床越来越少，找矿工作不断向地球深部拓展，因此，开展深部地质过程研究，用成矿理论和新技术新方法来研究矿床形成和赋存与分布规律，指导深部找矿勘查工作成为矿床学和矿产勘查学的重要方向。

第二节 加强高新测试技术和方法在矿床学中的应用

近年来，高新测试技术方法，特别是微区原位分析技术有了迅猛发展，如质子诱发 X 射线发射（PIXE）和离子探针分析（SIMS）技术、激光剥蚀–等离子体质谱（LA-ICP-MS）、同步辐射 X 射线荧光分析（SXRF）、扫描质子微探针（SPM）、色谱–质谱在线联用技术（EA-MS）等元素和同位素测试技术已广泛应用于地球科学的各个领域，它们对矿床学研究具有重要的推动作用。

矿石矿物同位素定年新方法的开发与应用是矿床学研究的重要发展方向。20 世纪 80 年代以来，同位素质谱分析技术的重大进展直接推动了成矿年代学和矿床地球化学的发展，如高丰度灵敏度质谱计、加速器质谱、回旋共振傅里叶变换质谱、负热电离质谱等的研制与开发。运用双稀释剂负热电离质谱（N-TIMS）进行 Re-Os 同位素分析为金属矿床定年和成矿金属元素来源示踪提供了重要途径。流体包裹体^{40}Ar-^{39}Ar 定年可以直接测定流体的年代。另外，硫化物和氧化物的 Rb-Sr、Sm-Nd 和^{40}Ar-^{39}Ar 定年也取得了重要进展。这些方法的广泛应用对成矿作用过程精细年代学测定、成矿过程动力学研究等具有深远的意义。

　　金属矿物的微量元素地球化学组成受成矿流体组分、成矿流体物理化学性质、矿物沉淀机制等因素的影响。因此，对金属矿物的微量元素组成进行微区原位高精度分析是深入认识矿床成因、揭示成矿机制的重要途径。金属矿物尤其是硫化物微量元素与同位素组成的微区分析是当前矿床成因研究的重要内容和前沿课题。随着 LA-ICP-MS、MC-ICP-MS 和 SIMS 等分析仪器，以及准分子和飞秒激光的出现，对矿物微区的微量元素和同位素组成进行精确测定已经成为可能。矿石矿物微量元素分布规律与同位素年代学的开发与应用将是矿床地球化学的一个重要发展方向。

　　稳定同位素地球化学研究及其在矿床学中的应用也取得了重要进展。新一代高精度、高灵敏度、多接收表面热电离质谱仪（TIMS）和多接收电感耦合等离子体质谱仪（MC-ICP-MS）的开发和利用，使得像 Li、B、Cl、Fe、Cu、Zn、Mo、Ca、Mg、Se、Ge、Cd 等"非传统稳定同位素"的高精度测量成为可能，成为当前矿床学研究中的一个重要前沿领域。目前主要涉及以下几个方面：①示踪深部地质-成矿过程。将壳幔相互作用及其成矿效应联系起来研究深部地质与成矿作用，一些非传统同位素（如 Cl、Li、Mg）地球化学研究已显示出广阔的应用前景。②示踪成矿物质来源。利用成矿元素（如 Cu、Zn、Fe、Hg、Se、Mo 等）本身的同位素特征来示踪成矿物质的来源和成矿作用机制是目前国际矿床学的研究趋势之一，它与传统同位素（如 C、S、H、O、N 等）的有机结合可更有效地判明成矿金属元素来源。③示踪成矿流体演化过程。由于很多成矿金属元素及与其有关的元素具有多价态的特征（如 Mo、Se、Fe 等），其同位素分馏主要受控于成矿作用过程中的氧化还原作用，尤以在低温过程中更为显著。因此，这些元素的同位素可以较灵敏地示踪成矿流体中元素的迁移、分配及其热液体系物理化学条件演化。此外，如 B、Ca、Mg 等非传统同位素对成矿流体的示踪也显示了独特的效果。

　　在成矿流体研究方面，流体包裹体记录了成矿热液的化学组成和各种物理化学参数及其变化特点，是认识成矿流体来源、查明矿石沉淀机理的重要研究对象。研究流体包裹体的常规手段包括岩相学研究、显微测温学研究、群体包裹体成分的气相色谱和液相质谱、单个包裹体气相分析和子矿物的激光拉曼分析。利用 LA-（MC-）ICP-MS 技术对单个流体（熔体）包裹体中不同相态（熔体相、溶液相、蒸汽相、子晶相）的元素地球化学组成进行系统分析是准确和深入理解成矿作用关键地球化学过程和机理（如岩浆-热液转变过程中和热液相分离过程中金属元素的分配行为）及金属元素富集成矿关键控制因素的重要途径，也是当前国际矿床学领域最前沿的研究方向之一，但我国在这方面的研究还处于起步阶段，没有取得实质性的进展和突破。在现有 LA-ICP-MS 分析技术和方法的基础上，尽快开发出针对单个流体包裹体成分分析的技术方法是我国矿床学今后若干年的重要发展目标之一。近年来发展起来的对不透明矿物流体包裹体观察的红外显微技术在矿床学研究中意义重大，它可以对硫化物（如黄铁矿）和氧化物（如黑钨矿、金红石）中的流体包裹体进行直接观察，获得更为准确的成矿流体组成和性质的信息。

　　利用各种实验模拟手段恢复和重建成矿作用过程是国际矿床学研究的前沿和重要内容之一，当前主要包括三个方面：①确定各种金属元素在岩浆/热液体系中的分配系数；②对高温高压条件下热液流体的反应过程和物理化学参数进行原位观测；③通过高温高压实验直接模拟特定的成矿过程。

　　目前，尽管在分析测试技术方面已有不少进展，但有些分析测试数据具有多解性和局限性，对许多重要矿床类型成矿时代的精确测定仍然存在困难，一些重要矿床类型的年代学研究还基本上处于空白，对某些地球化学数据，如稀土元素的示踪意义亦不够成熟，以及某些测试分析结果的精度（如 Os、Br 等）与灵敏度还需要进一步提高等。总的来看，要解剖一个矿床的成矿过程，除了坚实的野外地质学、矿物学、岩石学等方面的证据外，需要靠多种测试方法的综合分析，这样获得的认识才比较可信，这也是矿床学未来研究的一个重要方向。

第三节　注重成矿作用综合研究、精细刻画成矿过程

　　矿床是地质历史时期内由各种地质作用形成的、在当前技术经济条件下可以被开采利用的金属或非金属矿物堆积体。因此，将矿床的形成过程纳入复杂的地球系统，将其作为一类特殊的地质事件来加以研究，是该学科发展的必然方向。地球各层圈之间的相互作用与成矿作用关系密切。研究表明，地壳与地幔之间、地壳表层与大气圈和水圈之间存在多种形式的复杂的物质和能量的交换和再分配，前者控制了岩浆与热液矿床的形成，后者制约着沉积和风化矿床的形成。矿床形成过程的特点和复杂性决定了矿床学研究涉及矿物学、岩石学、地球化学、同位素地质年代学等多个学科，因此我们必须重视综合研究。研究矿床形成机理和成矿模型必须回答：成矿物质是哪里来的，它是通过什么介质搬运、迁移、富集和沉淀的？矿床是何时形成以及如何演化的？只有回答了这些问题，才能精细刻画出成矿过程全貌，建立准确的矿床形成模型，有效

地指导找矿勘查工作。

　　近年来，许多学者十分关注地壳和地幔的相互作用及其与成矿的关系，提出壳幔相互作用在许多大型和超大型矿床和重要成矿区带的形成中具有重要意义。通过矿床学的系统研究，在许多传统的与地幔岩浆作用有关的矿床（如岩浆铜镍硫化物矿床、与中基性岩有关的矽卡岩型铁矿床）中识别出地壳物质对成矿的重要贡献；对许多传统观点认为是由地壳物质再循环形成的矿床，如许多与花岗岩有关的锡钨矿床，通过同位素地球化学综合研究，识别出地幔物质对成矿有重要贡献。人们越来越关注成矿过程的动力学背景以及成矿作用与重大地质事件的耦合关系的研究。许多大规模的成矿作用往往与全球性或区域性重大地质事件密切相关。

　　长期以来，矿床学关注的焦点是成矿作用的始、终态，对成矿过程及其驱动力的研究较为薄弱。近年来，以实验为手段，逐渐注重研究各种地质作用过程中元素活化、迁移和沉淀的物理化学条件，注重模拟实验研究与热力学和计算地球化学研究结合，定量表达各种成矿地球化学过程。将非线性科学和化学动力学理论引入成矿过程研究，定量表达成矿系统的结构特征以及与成矿作用有关的各种化学反应的机制和速率）。微区和微量分析测试技术的进步，使得对整个成矿过程不同阶段产物的元素和同位素组成的原位测定成为可能，为较精细地了解成矿流体组成和成矿过程不同演化阶段的特征提供了前提，同时也就为精细地刻画成矿过程，建立合理的成矿模型提供了条件。

第四节　发展新的成矿理论，厘定新的矿床类型

　　矿床学研究的长足发展使许多传统的成矿理论受到挑战，从而形成、发展和完善了许多成矿新理论。比较有代表性的一些新理论包括（但不限于）碰撞造山成矿理论、分散元素成矿理论、海底生物圈与微生物成矿作用理论等。

　　碰撞造山成矿理论：传统的板块构造成矿理论可较好地解释增生造山成矿过程和汇聚板块边缘成矿系统，但无法解释碰撞造山成矿作用及大陆碰撞带成矿系统。为此，我国学者通过对秦岭、青藏高原等碰撞造山带成矿作用的研究，提出了全新的大陆碰撞成矿理论，阐明了大陆碰撞造山带成矿系统和大型矿床的成矿动力学背景、深部地质作用过程和矿床形成机制。

　　分散元素成矿理论：分散元素是指在地壳中丰度很低而且在岩石中极为分散的元素，包括锗、镉、镓、铟、铊、铼、硒、碲等元素。涂光炽院士提出分

散元素在特殊地质环境下超常富集可以形成独立矿床的概念，奠定了分散元素地球化学与成矿学的基础，开拓了矿床研究的新领域。

海底生物圈与微生物成矿作用理论：现代海底热液成矿作用是一个天然实验室，通过对此观察和研究不仅可提供古代矿床成因的信息，同时亦对我们现有知识和观点提出新的挑战。例如，直接在海底喷发的高温黑烟囱流体中及其周围发现化能自养的细菌及生物群落，其存在可能对金属硫化物矿床的形成具有一定的作用，研究证实在低温条件下的细菌作用能够使硫化物很大程度地富集。

第五节　小　　结

我国矿床学的发展已进入了一个新的历史时期，我国矿床学家根据中国大陆地质演化特色和成矿特征，在大陆成矿理论研究方面取得了许多新成果，并在找矿勘查方面获得了许多新发现。今后，我国矿床学的发展，应该进一步注重野外地质勘查和区域成矿规律总结，加强高新测试技术和方法在矿床学中的应用，加强成矿作用综合研究、精细刻画成矿过程，从而不断发展新的成矿理论、厘定新的矿床类型、获得新的找矿突破。